常见植物
野外识别手册

主编 刘全儒 王 辰

重庆大学出版社

图书在版编目（CIP）数据

常见植物野外识别手册/刘全儒，王辰主编.—重庆：重庆大学出版社，2007.3（2024.7重印）
（好奇心书系）
ISBN 978-7-5624-2850-3

Ⅰ.常…　Ⅱ.①刘…②王…　Ⅲ.植物—识别—手册　Ⅳ.Q949-62

中国版本图书馆CIP数据核字（2006）第152372号

常见植物野外识别手册

主编：刘全儒　王　辰
策划：鹿角文化工作室
书系主编：李元胜
编著者：刘全儒　王 辰　徐 丹　付 云
葛 源　师丽花　李 艳　熊良琼　于 明
摄影：王 辰　唐志远　刘 广　刘全儒　徐 丹　张 潮　韩 烁
高新宇　李 飞　黎 敏　欧 智　陈 峰　彭 鹏　绿 石　牛 洋　林秦文
责任编辑：郭　宪　梁　涛　陶学梅　装帧设计：程　晨
责任校对：谢　芳　责任印制：赵　晟
*
重庆大学出版社出版发行
出版人：陈晓阳
社址：重庆市沙坪坝区大学城西路21号
邮编：401331
电话：(023) 88617190　88617185（中小学）
传真：(023) 88617186　88617166
网址：http://www.cqup.com.cn
邮箱：fxk@cqup.com.cn（营销中心）
全国新华书店经销
重庆长虹印务有限公司印刷
*
开本：787mm×1092mm　1/32　印张：5.75　字数：194千
2007年3月第1版　2024年7月第21次印刷
印数：79 001—83 000
ISBN 978-7-5624-2850-3　定价：39.00元

前言 · FOREWORD

回归到大自然之中去，呼吸新鲜空气，欣赏秀丽景色，徒步穿越山林，已渐渐成为一种时尚。随着"观鸟"、"寻虫"的风靡，有越来越多的人投入到了另一项"绿色户外活动"中——赏花。在不同季节，去不同地方，寻找不同的植物，拍摄照片，然后贴在网上，或者不定期组织看片交流，赏花爱好者们用自己的方式感受着、也同时诠释着植物之美。

然而美中不足的是，往往在野外见到一株艳丽或者奇特的植物，惊喜之余，却无人能言其名，旅途之中的植物多数难以识别，常常是赏花爱好者们的遗憾所在。其实，不仅是赏花爱好者，更多的人也希望能够识别出身边的常见植物：对自然充满好奇心的孩子；喜爱花花草草的老人；热衷于郊游和旅行的"旅友"们；以动植物为模特的摄影师；还有，更多的是热爱生活的人们。

识别植物并非一蹴而就的事情，需要经验的积累，以及许多专业知识。但不是人人都有机会跟随专家外出，也不是人人都能抱着植物志一类的专业书去赏花，更为实用的，是一本图文并茂的手册，包括了野外实际拍摄的植物照片，包括了植物特征的简单描述，既可按图索骥，又可按文字描述详加比对。

为此，本书以华北、华中地区为中心，兼顾了全国南北各省区，以最为常见的植物为对象，挑选出500种野生植物介绍，以期尽可能反映不同科属类群。这些植物大部分分布于城市、村庄、草丛、路边，兼以山区、林地的常见种类，无论是去郊外赏花，还是在房前屋后转转，都可藉此书翻阅、查找、比对、识别。

由于我国南北各省在植物分类中所依据的分类系统不同，本书中植物的分科参照了《中国植物志》的系统——恩格勒系统，所采用的拉丁学名绝大多数也依据《中国植物志》，仅个别参考了最新的文献资料。

本书的编著因时间有限，准备与推敲尚显不足，错误、疏漏及欠缺之处，谨望广大读者批评指正。

编 者

2007年1月 于北京

目录 CONTENTS

植物入门知识

自然界植物种类繁多，令人眼花缭乱。但是如果总结这些植物的共同相关特征，按其亲缘关系归类，却又井井有条。这是因为植物分类学的研究逐渐揭开了植物界各个类群之间的微妙关系，知道现在的植物界是经过长期进化发展而来的，在各类植物之间有着或远或近的亲缘关系，根据其外部的花、果、叶、茎、根等形态特征和内部的如组织结构、细胞染色体以及DNA分子序列方面的特征一同进行归类。按此方式观察对比就编写出了植物界的家谱，使每一种植物都有自己的归宿。

分类的单位

植物分类的单位主要为界、门、纲、目、科、属、种，其中界是最大的分类单位，种是最基本的分类单位。植物分类单位也称为分类阶元，各

分类单位不仅标示大小或等级上的差异，而且还表明各分类单位间在遗传学和亲缘关系上的疏密。若干个亲缘关系比较接近，形态上有许多相似，甚至在一定条件下可以进行杂交的不同种可归属到比种大一级的分类单位“属”。以此类推，亲缘关系相近的若干个属可归于一个“科”。同一个科内的植物具有许多共同的特征。如菊科约有1100属，25000种，为被子植物最大的科，但它们都具有“头状花序外具总苞，聚药雄蕊，子房下位，花萼特化为冠毛，连萼瘦果”等共同特征。若干个相近的科又可归属于一个“目”；若干个相近的目再归属于高一级的“纲”；若干个纲可归属于一个“门”。将各个分类阶元按照高低和从属关系顺序地排列起来，即为植物分类的阶元系统，每种植物在这个系统中都可以明确地表示它的分类地位。如苹果的分类地位是：被子植物门、双子叶植物纲、蔷薇目、蔷薇科、苹果属、苹果。

植物界的四大类

现在一般认为植物界包含4个主要类群即真核藻类、苔藓植物、蕨类植物和种子植物。其中真核藻类植物体一般没有根、茎、叶分化，合子（精子和卵结合而成）不发育成新植物体，不经过胚阶段，为低等植物。苔藓植物、蕨类植物和种子植物属于高等植物，它们的植物体一般有根、茎、叶的分化，生殖器官是多细胞的，合子发育成新植物体经过胚的阶段。苔藓植物是一群小型植物。植物体大多有了类似茎、叶的分化，多生活于阴湿的环境中。蕨类植物的植物体内有了维管组织的分化，绝大多数具有根、茎、叶的分化，叶的背面通常有褐色的孢子囊，容易与种子植物区别。种子植物则能产生种子，包括裸子植物和被子植物。裸子植物具有维管组织，叶通常为针形、条形、钻形、鳞形等，俗称针叶树，形成球花，种子裸露。而被子植物的叶一般宽阔，具有真正的花，花有花萼、花冠、雄蕊、雌蕊等构造，形成果实。

植物的名称

植物的命名沿用林奈1753年倡议的双名法，以避免因“同物异名”或“异物同名”带来的混乱。所谓双名法，是指用两个拉丁词或拉丁化形式的词给植物种命名的方法。第一个词为属名，书写时首字母大写；第二个词为种加词，书写时用小写；此外还要求在种加词的后面附上该植物命名人的姓氏缩写。如银杏 *Ginkgo biloba* L.，第一个拉丁词 *Ginkgo* 为属名

（银杏属），*biloba*为种加词，L.为命名人Linnaeus（林奈）的缩写。每种植物只有1个正确名称，称为学名，中文名不能称做学名，而是中国人普遍使用的普通名。对于植物的亚种或变种则要用3个拉丁词来命名，书写时，要求在变种或亚种之前写上变种或亚种的缩写“*var.*”或“*ssp.*”，同样，在变种或亚种加词的后面附上该变种或亚种命名人的姓氏缩写。如白丁香，它是紫丁香的变种，其拉丁学名是*Syringa oblate* Lindl. *var. alba* Rehd.。

怎样学习植物分类学

学习植物分类学应注意4件事：多认识植物，熟悉植物的形态术语，学会利用工具书和网络，掌握植物的突出特征。

多认识植物 认识植物的前提是要观察植物，植物看多了，自然就熟悉了。有机会的话，可以参加植物资源考察队，同时收集植物标本，鉴定种类，这样能较快提高认识植物的水平，也培养了兴趣。

熟悉植物的形态术语 植物的形态特征有专门的术语，特别是一些类群具有和别的类群所不同的术语，要通过阅读相关的参考书获得。这样有利于工具书的使用，也便于和有关专家交流。

学会利用工具书和网络 识别和鉴定植物离不开工具书，常用的资料如《中国高等植物图鉴》、《中国高等植物》、《中国植物志》以及各种《地方植物志》，都是常用的、专业性较强的工具书。一些小册子如《怎样识别植物》和图册如《常见野花》等也是较好的参考书。另外，一些网络也有识别和鉴定植物方面的内容，读者可从网络上获取相关信息。

掌握植物的突出特征 一种植物的形态特征与其他植物总有重要的相同点和区别点，前者决定了它们同属于一科或一属或为同一种；后者为区分它们的依据。如唇形科的植物茎4棱，叶对生，花冠唇形，有4小坚果，有类似藿香或薄荷的香气。玄参科与唇形科类似，但子房不为4深裂，蒴果卵球形。

如何观察和识别植物

观察和识别植物，首先要学会使用科学的形态术语来观察和描述植物。

要对植物进行观察的主要是六大器官，即根、茎、叶、花、果实和种子。比如，我们要看所要观察的植株是具有直根系还是须根系？是乔木、灌木还是草本？是直立的还是缠绕或者攀援的？茎干是圆形的还是方形的或者三棱形的？茎干上面是否有刺？叶是对生、互生还是轮生？叶具有平行脉还是网状脉？是单叶还是复叶？叶子边缘有没有锯齿？是否形成花序？是什么类型的花序？花什么颜色？有几个花瓣？雄蕊几个？属于哪个类型？子房的位置如何？果实的形状什么样？属于哪个类型？等等。有时候还要对花做认真仔细的解剖观察，把子房的位置、心皮和胚珠的数目等都要搞清楚，否则无法得出正确的结论。要会熟练观察到上述特征，必须熟悉植物的形态术语。

在解剖观察的基础上，需要查阅植物检索表，核对植物志、植物图册等书上的插图，从而确定植物的名称。有时为了准确，我们自己鉴定的结果还要经过有关专家的确定。就这样，日积月累，我们就可以识别很多植物了。

种类识别

松科 Pinaceae

马尾松

Pinus massoniana

松科 松属

球果

常绿乔木；树皮红褐色至灰褐色，裂成不规则的鳞片块状；针叶2针一束，长而细柔；雄球花淡红褐色，穗状，弯垂；雌球花淡紫红色；球果圆锥状卵圆形，下垂。马尾松可产木材、松脂；分布于华中、华东、华南、西南等省区。

松属为裸子植物中最大的属，我国产22种，常见的还有华山松(*P. armandi*)、白皮松(*P. bungeana*) 等。

花序

油松

Pinus tabulaeformis

松科 松属

雌球花

常绿乔木；树皮灰褐色，裂成不规则的鳞片块状，裂缝及上部树皮红褐色；叶2针一束；雄球花圆柱形，聚生成穗状；球果卵形，熟时淡黄褐色。油松为常见造林及庭院观赏树种，可产木材，亦可供药用；分布于东北、华北、西北及内蒙古、四川等省区。

球果

花序

杉科 Taxodiaceae

杉木

Cunninghamia lanceolata

杉科 杉木属

花序

常绿乔木；叶在侧枝排成二裂，条状披针形；雄球花圆锥状，簇生枝顶；雌球花1～4个集生，绿色；球果近球形。杉木又称沙木、沙树，可产木材，亦可入药；分布于秦岭以南、长江流域及其以南各省区。

杉木属我国产2 种；杉科亦包括柳杉(*Cryptomeria fortunei*)、水杉（*Metasequoia glyptostroboides*）等。

花序

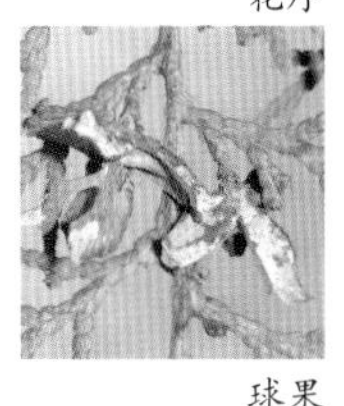

球果

侧柏

Platycladus orientalis

柏科 侧柏属

常绿乔木；树皮浅灰褐色，纵裂成条片；叶鳞形；雄球花黄色，卵圆形；雌球花蓝绿色，近球形，被白粉；球果近卵圆形，成熟前近肉质，蓝绿色，被白粉，成熟后木质，开裂，红褐色。侧柏可产木材，亦可入药，为常见的庭园栽培树种；分布于南北大部分省区。

侧柏属为世界单种属，仅此1种；柏科常见的种类还包括圆柏（*Sabina chinensis*）、杜松（*Juniperus rigida*）等。

单子麻黄

Ephedra monosperma

麻黄科 麻黄属

植株

草本状矮小灌木；小枝绿色；叶退化为膜质，二列；雄球花多呈复穗状；雌球花常单生，成熟时肉质红色，卵圆形；种子外露，多为1粒。单子麻黄又称小麻黄，含生物碱，可供药用；分布于东北、华北、西北及西南部分省区。

麻黄科仅麻黄属1属，我国产12种，常见的还有中麻黄（*E. intermedia*）、草麻黄（*E. sinica*）等。

花序

蕺 菜

Houttuynia cordata

三白草科 蕺菜属

植株

多年生草本；具腥臭味；茎常带紫红色，下部伏地，节上轮生小根；叶互生，卵形，基部心形，背面常紫红色；穗状花序，基部有4枚花瓣状总苞片，白色；无花被；雄蕊3枚，黄色；蒴果近球形，顶端开裂，花柱宿存。蕺菜又称鱼腥草，全株入药，嫩根茎可作蔬菜或调味品食用；分布于华中、华东、华南、西南各省区。

蕺菜属仅含1种；三白草科常见的种类还有三白草（*Saururus chinensis*）、裸蒴(*Gymnotheca chinensis*)。

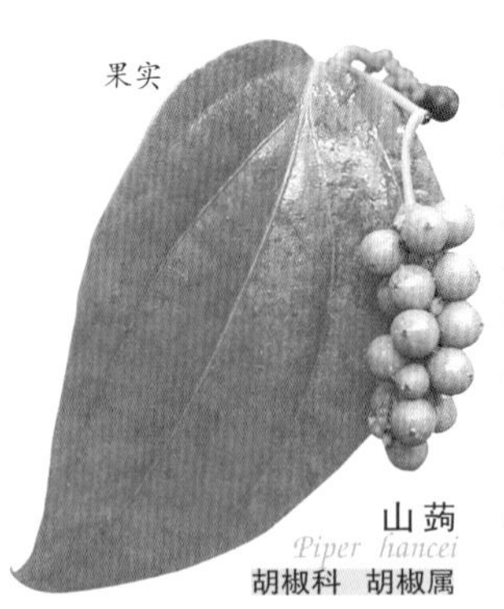
果实

山蒟
Piper hancei
胡椒科 胡椒属

胡椒科 Piperaceae

攀援木质藤本；茎、枝有膨大的节，揉搓后有香气；叶互生，椭圆形至披针形；穗状花序，与叶对生，花单性，雌雄异株；花小，无花被；浆果球形，成熟时黄色。山蒟可入药；分布于华中、华南、西南等省区。

胡椒属我国约产60种，常见的还有假蒟（*P. sarmentosum*）、石南藤（*P. wallichii*）等；胡椒科较为常见种类还有豆瓣绿（*Peperomia tetraphylla*）。

金粟兰科 Chloranthaceae

草珊瑚
Sarcandra glabra
金粟兰科 草珊瑚属

常绿半灌木；茎与枝均有膨大的节；叶对生，椭圆形至卵状披针形，革质，具粗锐锯齿；穗状花序，常分枝；花黄绿色，无花被；核果球形，熟时亮红色。草珊瑚全株入药；分布于华中、华南、西南及浙江、福建等省区。

植株

植株

丝穗金粟兰
Chloranthus fortunei
金粟兰科 金粟兰属

多年生草本；叶对生，常4片，长椭圆形；穗状花序；花白色，有香气；无花被；雄蕊3枚，药隔伸长成丝状；核果球形，淡黄绿色。丝穗金粟兰全草入药；分布于华中、华东、华南及四川等省区。

金粟兰属我国约有13种，常见的还有银线草（*C. japonicus*）、宽叶金粟兰（*C. henryi*）等。

杨柳科
Salicaceae

毛白杨

Populus tomentosa

杨柳科 杨属

植株

雄花序

落叶乔木；树皮具菱形皮孔，散生；叶互生，三角状卵形，下面被绒毛，老时秃净；花单性，雌雄异株，先叶开放，柔荑花序下垂；苞片褐色，无花被；雄蕊常8枚，花药红色；柱头2裂；蒴果圆锥形。毛白杨可作速生林树种，或作行道树；分布于华北、西北、华东等省区。

杨属我国约产62种，常见的还有山杨（*P. davidiana*）、青杨（*P. cathayana*）等。

中国黄花柳

Salix sinica

杨柳科 柳属

植株

落叶灌木或小乔木；叶互生，卵状椭圆形至披针形；花单性，雌雄异株，先叶开放，柔荑花序；无花被；雄蕊2枚，花药黄色；柱头2裂；蒴果线状圆锥形；种子具白色长毛。中国黄花柳分布于华北、西北及内蒙古等省区。

柳属我国约有257种，南北各省区均有分布，常见的还有旱柳（*S. matsudana*）、红皮柳（*S. sinopurpurea*）等。

胡桃科
Juglandaceae

胡桃楸

Juglans mandshurica

胡桃科 胡桃属

落叶乔木；奇数羽状复叶互生，小叶9～17；花单性，雌雄同株；雄花序为下垂的柔荑花序；雌花被柔毛，花柱分成2枚羽毛状柱头，鲜红色；果序俯垂，通常具5～7个果实，果实核果状，球形，密被短柔毛。胡桃楸又称核桃楸；分布于东北、华北各省区。

胡桃属我国产5种，常见的还有胡桃（*J. regia*）、野核桃（*J. cathayensis*）；胡桃科亦包括黄杞（*Engelhardia roxburghiana*）、青钱柳（*Cyclocarya paliurus*）等。

果实

雌花序

化香树

Platycarya strobilacea

胡桃科　化香树属

果实

落叶乔木；奇数羽状复叶互生，小叶对生；花单性，雌雄同株，雄花序及两性花序共同形成花序束，伞房状；雄花序穗状，无花被，雄蕊6~8枚，花药黄色；雌花序球果状，由密集覆瓦状排列的苞片组成；果序球果状，宿存苞片木质，果实小坚果状。化香树可提制栲胶，种子可榨油；分布于华中、华东、华南、西南及甘肃、陕西等省区。

枫杨

Pterocarya stenoptera

胡桃科　枫杨属

落叶乔木；偶数羽状复叶互生，稀为奇数，小叶对生，叶轴具翅；花单性，雌雄同株，柔荑花序；雄花常具1枚花被片；坚果具2翅。枫杨可作行道树或庭园树种栽培；分布于华中、华东、华南、西南等省区，东北、华北有栽培。

果实

花序

白桦

Betula platyphylla

桦木科　桦木属

桦木科
Betulaceae

果序　植株　雄花序

落叶乔木；树皮灰白色，成层剥裂；叶互生，三角状卵形，边缘常具重锯齿，侧脉5~7对；花单性，雌雄同株，柔荑花序常下垂；小坚果卵形，两侧具宽于坚果的膜质翅，果苞鳞片状。白桦木材可用，亦可作庭园树种；分布于东北、华北、西北及四川、云南、西藏等省区。

桦木属我国有29种，常见的还有红桦（*B. albo-sinensis*）、亮叶桦（*B. luminifera*）等；桦木科亦包括虎榛子（*Ostryopsis davidiana*）、江南桤木（*Alnus trabeculosa*）等。

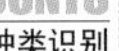

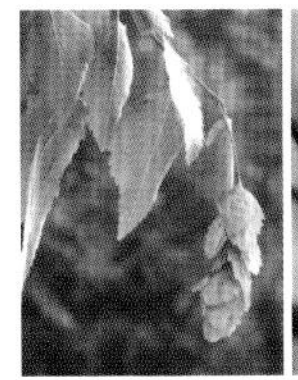

果实

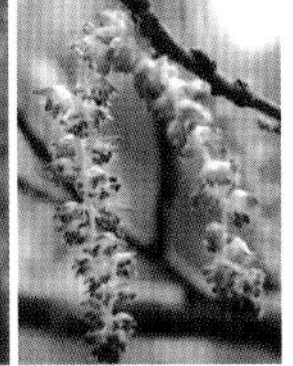

花序

鹅耳枥

Carpinus turczaninowii

桦木科 鹅绒枥属

落叶乔木；树皮灰褐色，粗糙，浅纵裂；叶互生，宽卵形或卵状菱形，边缘具重锯齿；花单性，雌雄同株；雄花序为柔荑花序，无花被；雌花基部具1枚苞片和2枚小苞片，果期扩大成叶状果苞；小坚果卵圆形。鹅耳枥又称北鹅耳枥；分布于东北、华北、西北等省区。

鹅耳枥属我国产25种，常见的还有千金榆（*C. cordata*）、多脉鹅耳枥（*C. polyneura*）等。

毛榛

Corylus mandshurica

桦木科 榛属

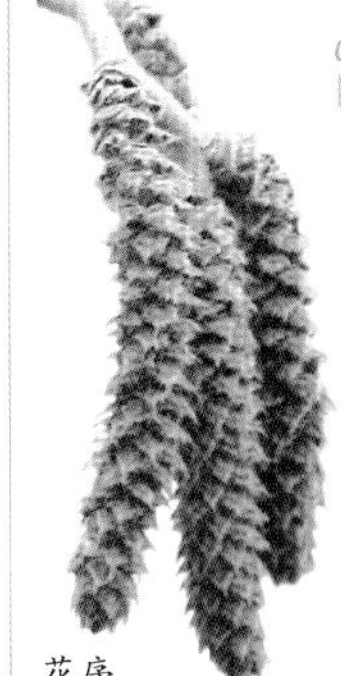

花序

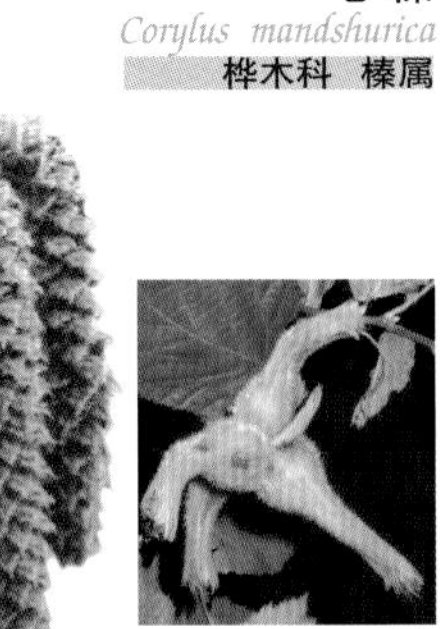

果实

落叶灌木；叶互生，长圆形，边缘具重锯齿，顶端骤尖或尾尖；花单性，雌雄同株；雄花序下垂，无花被；雌花序头状，花柱2枚；坚果球形，为果苞所包，果苞长管状，上部分缢缩，顶端浅裂，密被毛。毛榛种子可食；分布于东北、华北、西北及四川等省区。

榛属我国产7种，常见的还有榛（*C. heterophylla*）。

壳斗科

Fagaceae

茅栗

Castanea seguinii

壳斗科 栗属

植株

果实

落叶乔木；叶互生，倒卵状椭圆形，羽状脉直达叶缘，形成齿芒；花单性，雌雄同株；雄花序为柔荑花序；雌花单生，或生于混合花序下部，每壳斗有雌花3～5朵；坚果，生于壳斗状总苞内，壳斗外密生锐刺。茅栗果可食用；分布于华中、华东、华南、西南等省区。

栗属我国产4种，常见的还有板栗（*C. mollissima*）、锥栗（*C. henryi*）；壳斗科常见的还包括水青冈（*Fagus longipetiolata*）、红锥（*Castanopsis hystrix*）等。

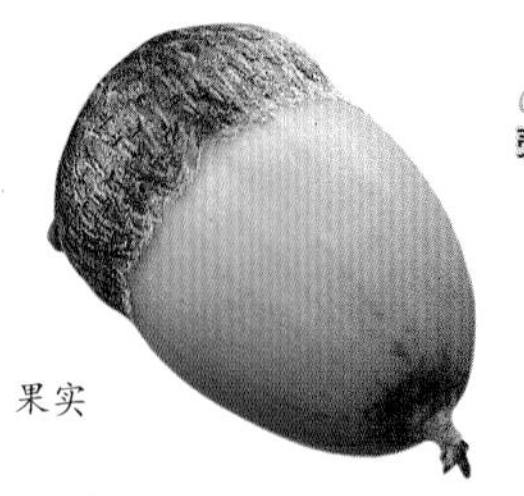
果实

白栎

Quercus fabri

壳斗科 栎属

落叶乔木；叶互生，倒卵形，边缘具波状齿；花单性，雌雄同株；雄花序为柔荑花序，下垂；雌花2~4朵簇生；壳斗杯形，包着坚果1/3，外被卵状披针形小苞片；坚果长椭圆形。白栎可产木材；分布于华中、华东、华南、西南等省区。

栎属我国产51种，常见的还有栓皮栎(*Q. variabilis*)、麻栎(*Q. acutissima*)等。

花序

果实

蒙古栎

Quercus mongolica

壳斗科 栎属

落叶乔木；叶互生，长倒卵形，边缘具波状齿；花单性，雌雄同株；雄花序为柔荑花序，下垂；雌花1~3朵杂生于枝梢；壳斗杯形，包着坚果1/3~1/2，外壁呈半球形瘤状突起；坚果卵形。蒙古栎可产木材，亦可用于饲养柞蚕；分布于东北、华北等省区。

小叶朴

Celtis bungeana

榆科 朴属

落叶乔木；叶互生，卵状椭圆形，叶基稍偏斜；花杂性，雌雄同株；雄花序簇生，聚伞状；两性花或雌花单生；核果单生于叶腋，近球形，成熟时紫黑色，果柄长。小叶朴又称黑弹树，可产木材；分布于华北、西北、华中、华东、西南及辽宁等省区。

朴属我国约有11种，常见的还有朴树(*C. sinensis*)、珊瑚朴(*C. julianae*)等；榆科亦包括刺榆(*Hemiptelea davidii*)、榉树(*Zelkova serrata*)等种类。

果实

青檀

Pteroceltis tatarinowii

榆科 青檀属

果实

植株

落叶乔木；叶互生，长卵形，基部3出脉；花单性，雌雄同株；雄花簇生，花被5深裂，雄蕊5枚；雌花单生，花被4深裂；翅果扁圆形，上下两端具凹陷，有长柄。青檀可产木材，亦可供观赏；分布于华北、西北、华中、华东、华南、西南各省区。

青檀属为世界单种属，仅此1种。

榆

Ulmus pumila

榆科 榆属

落叶乔木；树皮暗灰色，粗糙，纵裂；叶互生，卵形至椭圆状披针形，边缘常为单锯齿，少有重锯齿；聚伞花序，簇生，先叶开放；花被片4～5枚，雄蕊4～5枚，花药紫色，伸出；周翅果倒卵形，先端具凹陷。榆可入药，亦可产木材；分布于东北、华北、西北、西南各省区。

榆属我国产25种，常见的还有大果榆（*U. macrocarpa*）、榔榆（*U. parvifolia*）等种类。

果实

花

桑科 Moraceae

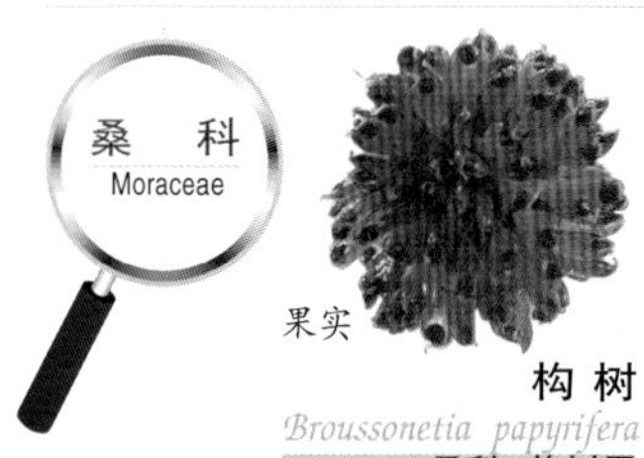

果实

构树

Broussonetia papyrifera

桑科 构树属

雌花序 雄花序

落叶乔木；植物体具乳汁；小枝密生柔毛；叶互生，椭圆状卵形，常不规则3～5裂，表面粗糙，背面密生绒毛；花单性，雌雄异株；雄花序为柔荑花序，花被片4枚，雄蕊4枚，与花被片对生；雌花序球形头状，花被管状；聚花果球形，成熟时肉质，橘红色。构树的聚花果以楮实子入药，茎皮纤维可造纸；分布于南北各省区。

构树属我国约有4种，常见的还有小构树（*B. kazinoki*）；桑科常见的还有柘树（*Cudrania tricuspidata*）、葎草（*Humulus scandens*）等种类。

异叶榕

Ficus heteromorpha

桑科 榕属

落叶灌木或小乔木；叶互生，多形，常见琴形、椭圆形、阔披针形，叶脉及叶柄常红色；花生于杯状肉质的花托内，顶端具1小口，成隐头花序；聚花果常成对，球形，成熟时紫黑色。异叶榕又名异叶

植株　花序

天仙果，分布于华中、华东、华南及陕西、四川等省区。

榕属为桑科中最大的属，我国约有98种，常见的还有变叶榕（*F. variolosa*）、薜荔（*F. pumila*）等。

榕树

Ficus microcarpa

桑科 榕属

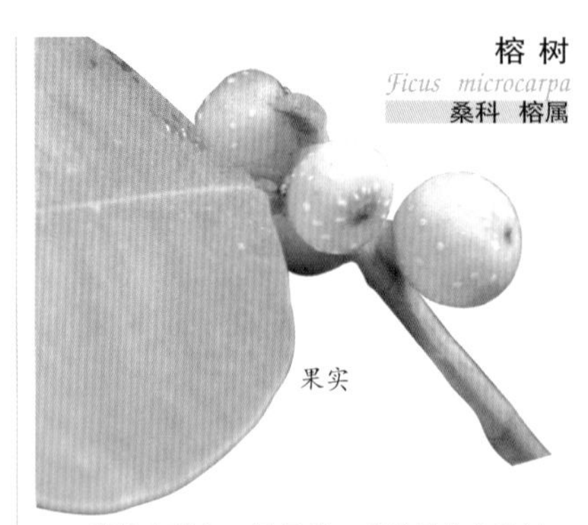

果实

常绿大乔木；具气根；枝叶具白色乳汁；枝具环状托叶痕；叶互生，狭椭圆形；隐头花序；聚花果成对腋生，扁球形，成熟时黄色或微红色。榕树又称小叶榕，可作行道树或供观赏；分布于华中、华南、西南等省区。

桑

Morus alba

桑科 桑属

落叶乔木或灌木；叶互生，广卵形，有时分裂成各种形状；花单性，雌雄异株，柔荑花序；花被片4枚，黄绿色；雄蕊4枚，与花被片对生；柱头2裂，宿存；聚花果成熟时黑紫色或白色。桑又称白桑、家桑，桑椹可食，叶为养蚕的主要饲料；分布于南北大部分省区。

桑属我国产12种，常见的还有华桑（*M. cathayana*）、鸡桑（*M. australis*）等。

果实

花序

赤 麻

Boehmeria silvestrii

荨麻科 苎麻属

植株

多年生草本或亚灌木；叶对生，卵形至近五角形，顶端三或五骤尖，上部叶有时一骤尖，两面被短伏毛；花单性，雌雄异株或同株；团伞花序聚集为穗状，常红色；瘦果卵球形。赤麻茎皮纤维可制麻布、绳索；分布于华中、西北部分省区，及河北、辽宁、四川等地。

苎麻属我国约有32种，常见的还有苎麻（*B. nivea*）、细野麻(*B.gracilis*) 等；荨麻科亦包括艾麻（*Laportea cuspidata*）、糯米团（*Gonostegia hirta*）等。

蝎 子 草

Girardinia suborbiculata

荨麻科 蝎子草属

一年生草本；茎具棱，被粗硬毛及蜇毛；叶互生，宽卵形，先端常具尾尖,两面被粗硬毛及蜇毛；花单性，雌雄同株，团伞花序聚集为穗状，花序轴上具蜇毛；瘦果宽卵形。蝎子草蜇毛刺入皮肤后疼痛红肿；分布于东北、华北、华中及陕西等省区。

植株

植株

山 冷 水 花

Pilea japonica

荨麻科 冷水花属

一年生草本；茎肉；叶对生，同对叶常不等大，菱状卵形，基出脉3条；花单性，常雌雄同株，混生，团伞花序常紧缩成头状；瘦果卵形。山冷水花全草入药；见于阴湿处，分布于东北、华北、华中、华东、华南等省区。

冷水花属我国约有90种，常见的还有冷水花（*P. notata*）、透茎冷水花（*P. pumila*）等。

狭叶荨麻

Urtica angustifolia

荨麻科 荨麻属

植株

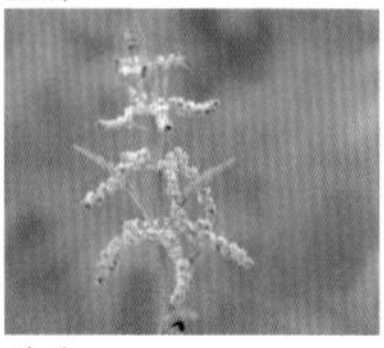
花序

多年生草本；茎具蜇毛；叶对生，长圆状披针形；花单性，雌雄异株；花序圆锥状，具伏毛和蛰毛；花被4深裂；雄蕊4枚，与花被裂片对生；瘦果卵形。狭叶荨麻蜇毛刺入皮肤后疼痛红肿，全草入药，幼嫩茎叶可食；分布于东北、华北等省区。

荨麻属我国产16种，常见的还有宽叶荨麻（*U. laetevirens*）、麻叶荨麻（*U. cannabina*）等。

植株

北桑寄生

Loranthus tanakae

桑寄生科 桑寄生属

果实

花

落叶灌木；茎常二歧分枝；叶对生，椭圆形；穗状花序；花瓣6枚，黄绿色；雄蕊6枚；浆果卵球形，橙黄色，表面光滑。北桑寄生可入药；常寄生于栎属、桦属、李属植物上，分布于华北、西北及四川等省区。

桑寄生属我国产6种，较为常见的还有椆树桑寄生（*L. delavayi*）；桑寄生科多为半寄生灌木，常见种类还有广寄生（*Taxillus chinensis*）、槲寄生（*Viscum coloratum*）等。

马兜铃科
Aristolochiaceae

北马兜铃

Aristolochia contorta

马兜铃科 马兜铃属

多年生缠绕草本；叶互生，三角形状心形至卵状心形，基部耳心形；花簇生于叶腋；花被管状，绿色，内具软腺毛，管口扩大呈漏斗状；檐部一侧短而下翻，另一侧渐扩大成舌片，黄绿色，常具紫色脉纹；蒴果倒卵形，成熟时由基部向上6瓣开裂。北马兜铃可入药；分布于东北、华北、西北等省区。

马兜铃属我国产39种，常见的还有马兜铃（*A. debilis*）、管花马兜铃（*A. tubiflora*）等；马兜铃科亦包括细辛（*Asarum sieboldii*）、杜衡（*A. forbesii*）等。

花序

果实

木通马兜铃
Aristolochia manshuriensis
马兜铃科　马兜铃属

花序

落叶木质藤本；嫩枝深紫色，密生柔毛；叶互生，卵状心形，革质；花常单生；花被管基部膨大、管状，中部马蹄形弯曲，粉红色至浅棕色，具绿色纵纹；檐部圆盘状，先端3裂，内面暗紫色，外面绿色，具紫色条纹；蒴果长圆柱形，具6棱。木通马兜铃茎可入药；分布于东北、西北及山西、四川、湖北等省区。

植株

蛇菰科
Balanophoraceae

穗花蛇菰
Balanophora spicata
蛇菰科　蛇菰属

雄花序

肉质草本；根茎红色至棕红色，倒卵形至球形，表面被疣瘤及皮孔；鳞片肉质，通常近对生；雄花序穗状，绿色带红色，后转紫红色，花被6裂、黄色；雌花序卵形，红色。穗花蛇菰全株入药；分布于华南、西南及江西、湖南、台湾等省区。

蛇菰属为寄生植物，我国约产19种，较为常见的还有红冬蛇菰（*B. harlandii*）、宜昌蛇菰（*B. henryi*）等。

蓼科
Polygonaceae

东北木蓼
Atraphaxis manshurica
蓼科　木蓼属

落叶灌木；树皮灰褐色，条状剥离；叶互生，线形，革质；膜质托叶鞘圆筒状，上部斜形，顶端2裂；总状花序，花梗具关节；花被片常5枚，排成2轮，粉红色，花瓣状；雄蕊8枚；瘦果狭卵形，具3棱，密被颗粒状小点。东北木蓼见于沙丘、干旱砂质地，分布于辽宁、内蒙古、河北、陕西、宁夏等省区。

木蓼属我国产11种，较为常见的还有木蓼（*A. frutescens*）；蓼科常见的还有金线草（*Antenoron filiforme*）、酸模（*Rumex acetosa*）等。

植株

花

拳蓼

Polygonum bistorta

蓼科 蓼属

多年生草本；根状茎粗大；基生叶宽披针形，具长柄，沿叶柄下延成翅，茎生叶互生，线状披针形，无柄；膜质托叶鞘筒状，开裂至中部；穗状

花序

植株

花序，圆柱形，花密集；花被5深裂，白色或淡红色；雄蕊8枚；瘦果椭圆形。拳蓼又称拳参，根状茎入药；分布于东北、华北、西北、华中、华东等省区。

蓼属我国产113种，南北均产，许多种类均常见，例如酸模叶蓼(*P. lapathifolium*)、萹蓄(*P. aviculare*)等。

头花蓼

Polygonum capitatum

蓼科 蓼属

植株

多年生草本；茎匍匐，丛生，基部木质化；叶互生，卵状椭圆形，疏生毛；膜质托叶鞘筒状，顶端截形、有缘毛；花序头状；花被5深裂，淡红色；雄蕊8枚；瘦果长卵形。头花蓼全草入药；分布于华中、华南、西南等省区。

火炭母

olygonum chinense

蓼科 蓼属

多年生草本；基部近木质；茎常具纵棱；叶互生，长卵形；膜质托叶鞘顶端偏斜，具脉纹；花序头状，数个排列成圆锥状；花被5深裂，白色或淡红色，果期增大呈肉质；雄蕊8枚；瘦果宽卵形，包于宿存花被内。火炭母根状茎入药；分布于华东、华中、华南、西南及陕西、甘肃等省区。

植株

花序

荭蓼

Polygonum orientale

蓼科 蓼属

一年生草本；茎节部稍膨大，上部分枝多，密生长柔毛；叶互生，叶宽卵形至卵状披针形，两面具毛；膜质托叶鞘筒状，外面被毛，顶端具长缘毛；总状花序呈穗状，花紧密，微下垂；花被5深裂，淡红色或白色；雄蕊7枚，伸出；瘦果近圆形。荭蓼果实以水红花子入药，亦可供观赏；分布于南北大部分省区。

花序

植株

华北大黄

Rheum franzenbachii

蓼科 大黄属

多年生草本；基生叶较大，心状卵形，边缘具皱波，茎生叶互生，三角状卵形；膜质托叶鞘抱茎；大型圆锥花序；花被片6枚，黄白色，排成2轮，雄蕊9枚；瘦果椭圆形，三棱状，棱缘具翅。华北大黄根可入药；分布于河北、河南、山西、内蒙古等省区。

大黄属我国产39种，较为常见的还有药用大黄（*Rh. officinale*）、掌叶大黄（*Rh. palmatum*）等种类。

藜科

Chenopodiaceae

藜

Chenopodium album

藜科 藜属

花序

植株

一年生草本；茎粗壮，具绿色或紫红色色条；叶互生，棱状卵形至宽披针形，背面常有泡状粉；穗状圆锥花序；花被5裂，绿色；雄蕊5枚，于花被裂片对生，略伸出；胞果包于花被内或微露。藜又称灰菜，全草入药，幼苗亦可食用；分布于南北各省区。

藜属我国产19种，常见的还有灰绿藜（*Ch. glaucum*）、杂配藜（*Ch. hybridum*）等；藜科亦包括地肤（*Kochia scoparia*）、猪毛菜（*Salsola collina*）等种类。

碱蓬

Suaeda glauca

藜科 碱蓬属

一年生草本；叶互生，丝状条形，肉质；团伞花序；花被5裂，黄绿色；雄蕊5枚；

果实

花

胞果包于花被内，果皮膜质。碱蓬常见于含盐碱土壤上，分布于东北、华北、华中、华东等省区。

碱蓬属我国共20种，常见的还有盐地碱蓬(*S. salsa*)、角果碱蓬（*S. heterophylla*）等。

莲子草

Alternanthera sessilis

苋科 莲子草属

植株

多年生草本；叶对生，常矩圆形或条状披针形；头状花序，初为球形，后渐变为圆柱形，花密生；苞片及小苞片白色，干膜质；花被片5枚，白色；雄蕊3枚；胞果倒心形，翅状，包在宿存花被片内。莲子草全株入药，亦可作饲料；见于水沟、田边等潮湿处，分布于华中、华东、华南、西南等省区。

莲子草属我国见有4种，常见的还有外来种喜旱莲子草（*A. philoxeroides*）；苋科亦包括牛膝(*Achyranthes bidentata*)、土牛膝(*A. aspera*)等种类。

凹头苋

Amaranthus lividus

苋科 苋属

一年生草本；茎伏卧而上升，淡绿色或紫红色；叶互生，卵形或菱状卵形，顶端凹缺；穗状花序，或呈圆锥状；花被片5枚，淡绿色；雄蕊5枚；胞果扁卵形，超出宿存花被片。凹头苋全草入药，亦可作猪饲料；分布于南北大部分省区。

苋属我国约产13种，常见的还有刺苋(*A. spinosus*)、皱果苋（*A. viridis*）等种类。

植株

青葙

苋科 青葙属

一年生草本；茎绿色或红色，具明显条纹；叶互生，披针形，绿色常带红色；穗状花序，塔状或圆柱状，花密生；苞片及小苞片白色，顶端渐尖成细芒；花被片5枚，白色至粉红色；雄蕊5枚，花药紫色；胞果卵形，包于宿存的花被内。青葙又称野鸡冠花，种子入药，全株可作饲料；分布于南北大部分省区。

花序

果实

植株

紫茉莉科
Nyctaginaceae

紫茉莉

Mirabilis jalapa

紫茉莉科 紫茉莉属

一年生草本；茎直立，节稍膨大；叶对生，卵形或卵状三角形；花单生于枝顶；苞片钟形，5裂，绿色，萼片状；花被下部合生成筒，高脚碟状，檐部5浅裂，红色、黄色、白色或杂色；雄蕊5枚，花丝细长，伸出；瘦果球形，熟时黑色，表面具皱纹。紫茉莉又称草茉莉，常栽培供观赏；分布于南北各省区，原产于南美洲，现广泛逸生。

商陆科
Phytolaccaceae

商陆

Phytolacca acinosa

商陆科 商陆属

多年生草本；根肥大，肉质；茎圆柱形，肉质，绿色或紫红色；叶互生，长椭圆形，两面散生细小白色斑点；总状花序，直立；花被片5枚，白色或黄绿色；雄蕊8～10枚；雌蕊常为8枚，离生；浆果扁球形，熟时黑色。商陆亦称山萝卜，根可入药；分布于华北、华中、华东、华南、西南，及西北部分省区。

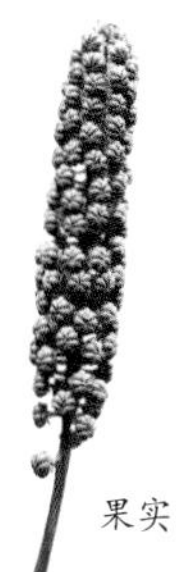
果实

植株

马齿苋科
Portulacaceae

马齿苋

Portulaca oleracea

马齿苋科 马齿苋属

花

植株

一年生草本，常伏地铺散；植物体肉质；茎淡绿色或暗红色；叶互生，有时近对生，倒卵形，扁平，肥厚；花3～8朵簇生于枝端；花瓣常5枚，黄色，顶端微凹，基部合生；雄蕊通常8枚，或更多，黄色；柱头5裂；蒴果卵球形，盖裂。马齿苋全草入药，亦可作蔬菜或饲料；分布于南北各省区。

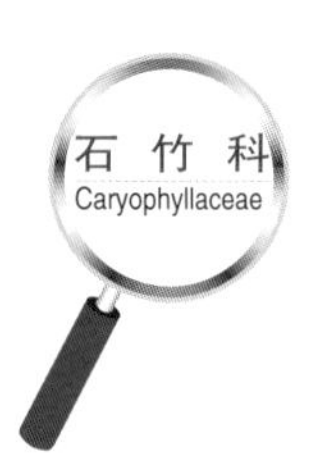

石 竹 科
Caryophyllaceae

灯芯草蚤缀

Arenaria juncea

石竹科 蚤缀属

植株

多年生草本；根圆锥状，肉质；茎硬而直立，基部宿存枯萎叶茎；叶对生，细线形，基部呈鞘状抱茎；聚伞花序，花梗密被毛；花瓣5枚，白色，基部具短爪；雄蕊10枚；花柱3枚；蒴果卵圆形。灯芯草蚤缀又名老牛筋、小无心菜，根可入药；分布于东北、华北、西北部分省区。

蚤缀属又名无心菜属，我国约104种，常见的还有蚤缀（*A. serpyllifolia*）；石竹科常见的还包括漆姑草（*Sagina japonica*）、狗筋蔓（*Cucubalus baccifer*）等。

球序卷耳

Cerastium glomeratum

石竹科 卷耳属

一年生草本；茎密被长柔毛，节膨大；叶对生，匙形至椭圆形，基部渐狭成柄状，两面被毛；萼片5枚，密被毛；花瓣5枚，白色，顶端2浅裂；花柱5枚；瘦果长圆柱形，顶端10齿裂。球序卷耳分布于长江流域及山东、福建、云南等省区。

植株

卷耳属我国产17种，常见的还有卷耳（*C. arvense*）、簇生卷耳（*C. caespitosum*）等。

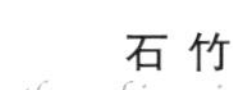

石竹

Dianthus chinensis

石竹科　石竹属

多年生草本；茎节膨大；叶对生，线状披针形，基部渐狭成鞘围抱茎节；花单生，或呈聚伞状；花萼筒状；花瓣5枚，紫红色、粉红色至白色，先端齿裂，基部具长爪，喉部有斑纹并疏生须毛；雄蕊10枚；花柱2枚；蒴果圆筒形。石竹全草入药，并可栽培供观赏；分布于东北、华北、西北、华中、华东等省区，全国普遍栽培。

植株

花

瞿麦

Dianthus superbus

石竹科　石竹属

多年生草本；茎节膨大；叶对生，线状披针形，中脉显著，基部成短鞘围抱茎节；花单生，或呈聚伞状；花萼圆状；花瓣5枚，淡粉红色，边缘细裂成流苏状，喉部有须毛，基部具长爪；雄蕊10枚；花柱2枚；蒴果狭圆筒形。瞿麦全草入药；分布于东北、华北、西北、华中、华东、西南等省区。

大花剪秋萝

Lychnis fulgens

石竹科　剪秋萝属

多年生草本；全株被柔毛；叶对生，长圆形至卵状披针形，两面被粗毛；二歧聚伞花序，紧缩；花萼筒状，沿脉被毛；花瓣5枚，深红色，先端2裂；副花冠流苏状；蒴果长卵形。大花剪秋萝分布于东北、华北、西南等省区。

植株

鹅肠菜
Myosoton aquaticum
石竹科 鹅肠菜属

植株

花

多年生草本；茎多分枝，节膨大；叶对生，长圆状卵形；二歧聚伞花序，花梗密被腺毛；花瓣5枚，白色，2深裂几达基部；雄蕊10枚；花柱5枚；蒴果卵圆形。鹅肠菜又称牛繁缕，全草入药；分布于南北各省区。

鹅肠菜属为世界单种属，仅此1种。

异花假繁缕
Pseudostellaria heterantha
石竹科 假繁缕属

多年生草本；块根纺锤形；茎具柔毛，节膨大；叶对生，倒卵状披针形；花二型：开花受精花单生，有时呈二歧聚伞花序，花瓣5枚、白色，雄蕊10枚、紫红色，花柱2～3枚；闭花受精花腋生，无花瓣；蒴果卵圆形。异花假繁缕又称异花孩儿参，分布于华北、华中、西南及内蒙古、陕西等省区。

假繁缕属又称孩儿参属，我国有8种，常见的还有蔓假繁缕（*P. davidii*）、孩儿参（*P. heterophylla*）等。

花

石生蝇子草
Silene tatarinowii
石竹科 蝇子草属

花

多年生草本；全株被短柔毛；茎匍匐或上升，节膨大；叶对生，披针形；二歧聚伞花序，疏松；花萼筒状；花瓣5枚，白色，基部渐狭成爪，喉部具小鳞片状附属物；雄蕊10枚；花柱3枚；蒴果长卵形。石生蝇子草又称山女娄菜，分布于华北、西北、华中、西南等省区。

蝇子草属我国产112种，常见的还有女娄菜（*S. aprica*）、米瓦罐（*S. conoidea*）等。

中国繁缕

Stellaria chinensis

石竹科 繁缕属

花

多年生草本；茎细弱，铺散或上升，节膨大；叶对生，卵状披针形；聚伞花序，花序梗细长；花瓣5枚，白色，2深裂；雄蕊10枚；花柱3枚；蒴果卵形。中国繁缕全草入药；分布于华北、西北、华中、华东、西南等省区。

繁缕属我国产63种，常见的还有石生繁缕（*S. vestita*）、雀舌草（*S. uliginosa*）等种类。

睡莲科
Nymphaeaceae

植株

莲

Nelumbo nucifera

睡莲科 莲属

多年生水生草本；根状茎横生，肥厚，节间膨大，节部缢缩；叶基生，挺出水面，圆形，盾状，叶柄粗壮，中空，外面散生小刺；花单生，花梗散生小刺；花冠红色、粉红色至白色，芳香，花瓣多数，向内渐变为雄蕊；雄蕊多数；花托倒圆锥形；果实坚果状。莲亦称荷花、芙蕖、菡萏，全株可入药，藕及莲子亦可食用；分布于南北各省区。

莲属我国仅此1种；睡莲科常见的还有莼菜（*Brasenia schreberi*）、芡实（*Euryale ferox*）等。

睡莲

Nymphaea tetragona

睡莲科 睡莲属

多年生水生草本；叶基生，漂浮于水面，心状卵形或卵状椭圆形，基部深弯缺；花单生，漂浮于水面或稍挺水；花瓣白色，多数；雄蕊多数；雌蕊多数，柱头盘状；浆果球形，包于宿存萼片内。睡莲可作庭园植物供观赏；分布于南北各省区。

植株

花

毛茛科
Ranunculaceae

草乌

Aconitum kusnezoffii

毛茛科　乌头属

多年生草本；块根圆锥形；叶互生，五角形，掌状3全裂；总状花序；萼片5枚，蓝紫色，花瓣状，上萼高盔形；花瓣2，特化为蜜腺叶，包于盔萼内；雄蕊多数；心皮

花序

3~5；聚合蓇葖果。草乌又称北乌头，块根有剧毒，入药可祛风除湿、散寒止痛；分布于东北、华北等省区。

乌头属我国约有167种，常见的还有乌头（*A. carmichaeli*）、高乌头（*A. sinomontanum*）等种类。

植株

花

银莲花

Anemone cathayensis

毛茛科　银莲花属

多年生草本，疏生长柔毛；叶基生，具长柄，3全裂，裂片再3深裂；花莛2~6，总苞片常5；花2~5朵，聚伞状；萼片5~6，白色，花瓣状；雄蕊多数；心皮4~16；聚合瘦果。银莲花分布于东北、华北等省区。

银莲花属我国72种，常见的还有打破碗花花（*A. hubehensis*）等种类。

大火草

Anemone tomentosa

毛茛科　银莲花属

多年生草本；叶基生，具长柄，3出复叶，小叶3裂，下面被白色绒毛；总苞片3，叶状；花2~5朵，聚伞花序2~3回分枝；萼片5，白色或带粉红色，花瓣状；雄蕊多数；心皮极多；聚合瘦果。分布于河北、山西、河南、陕西、甘肃、四川等省区。

植株

花

耧斗菜

Aquilegia viridiflora

毛茛科 耧斗菜属

花

多年生草本；基生叶数枚，2回3出复叶，小叶楔状倒卵形，3裂，裂片常具2~3圆齿；茎生叶少数，1~2回3出复叶，渐变小；花序具3~7朵花；萼片5，黄绿色；花瓣5，黄绿色，基部有漏斗状的距；雄蕊多数；心皮5；蓇葖果。耧斗菜花色艳丽，可栽培供观赏。分布于东北、华北及西北等地。

耧斗菜属我国有13种，常见的还有华北耧斗菜（*A. yabeana*）。

半钟铁线莲

Clematis ochotensis

毛茛科 铁线莲属

木质藤本；2回3出复叶，小叶片边缘有粗锯齿；花单生，花萼钟状；萼片4，淡蓝色，狭卵形至披针形；退化雄蕊多数，匙状线形，长为萼片之半或更短；雄蕊多数，较退化的雄蕊稍短；心皮多数；瘦果被黄色短柔毛，宿存的花柱羽毛状。可栽培供观赏，分布于东北、华北等地区。

植株

铁线莲属为毛茛科大属之一，我国约108种，遍布全国各地。

翠雀

Delphinium grandiflorum

毛茛科 翠雀属

花

多年生草本；茎生叶和茎下部叶具有长柄，叶片五角形，3全裂，裂片细裂；总状花序，具3~15朵花，萼片5，蓝紫色，上萼片基部延伸成距；花瓣2，蓝色，先端圆形，有距；退化雄蕊2，蓝色；雄蕊多数；心皮3；聚合蓇葖果。翠雀花色艳丽，可栽培供观赏。全草有毒。

翠雀属为毛茛科大属之一，我国约有113种。

植株

草芍药

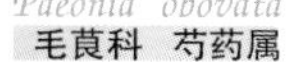

Paeonia obovata

毛茛科 芍药属

果实

多年生草本；叶互生，茎下部为2回3出复叶，上部为3出复叶或单叶；花单生枝顶；花瓣6，白色、红色至紫红色；雄蕊多数；雌蕊2～3枚，分离；蓇葖果成熟时果皮反卷，呈红色。草芍药又称野芍药，根入药；分布于东北、华北、华中及四川、陕西等省区。

芍药属我国有11种，常见的还有芍药（*P. lactiflora*）、牡丹（*P. suffruticosa*）等。

植株

花　　果实

白头翁

Pulsatilla chinensis

毛茛科 白头翁属

多年生草本，密被白色柔毛；叶基生，具长柄，3出复叶，中央小叶具有短柄，3深裂，裂片顶端具2～3圆齿，侧生小叶近无柄，2～3深裂；花莛1～2，总苞片3；花单生，萼片6，蓝紫色，花瓣状；雄蕊多数；心皮多数；聚合瘦果，宿存的花柱羽毛状。根入药。分布于东北、华北、华东、西北及中南地区。

白头翁属我国有11种。

花

毛茛

Ranunculus japonicus

毛茛科 毛茛属

多年生草本，密被柔毛；叶3深裂，中央裂片3浅裂，边缘具有粗锯齿或者缺刻，侧裂片不等2裂，叶柄向上渐短；聚伞花序具少数花，萼片5，花瓣5，亮黄色，近基部内侧具蜜槽，雄蕊多数，心皮多数；聚合瘦果近球形。全草有毒。分布于全国各地。

毛茛属为毛茛科最大的属，我国约78种。常见的还有茴茴蒜（*R. chinensis*）、石龙芮（*R. sceleratus*）等种类。

天葵

Semiaquilegia adoxoides

毛茛科 天葵属

花

果实

多年生草本；基生叶多数，3出复叶，小叶片3深裂，裂片疏具粗齿；聚伞花序有2到数朵花，萼片5，白色，带淡紫色，花瓣基部囊状；雄蕊8～14，心皮3～5；蓇葖果。为有毒植物，根入药。分布于长江中、下游各省。

天葵属仅此1种。

瓣蕊唐松草

Thalictrum petaloideum

毛茛科 唐松草属

花

多年生草本；3～4回3出复叶，小叶片狭长圆形至近圆形，3裂或者不裂，全缘，叶柄基部有鞘；伞房状聚伞花序，萼片4，白色，早落，雄蕊多数，花丝棍棒状，白色，心皮4～10；瘦果有8条纵肋。根入药。分布于东北、华北、青海、四川等省区。

唐松草属为毛茛科大属之一，我国约67种，常见的有东亚唐松草(*T.minus* var. *hypoleucum*)。

金莲花

Trollius chinensis

毛茛科 金莲花属

多年生草本；叶五角形，3～5全裂，具长柄，茎上部叶柄渐短；花常单生；萼片金黄色，多数，花瓣状；花瓣线形，金黄色，多数；雄蕊多数；心皮多数；蓇葖果长圆形。金莲花的花可入药；分布于东北、华北等省区。

金莲花属我国有16种。

花

三叶木通

Akebia trifoliata

木通科　木通属

植株

花序

落叶木质藤本；3出复叶，小叶卵圆形，边缘浅裂或波状；总状花序腋生，花单性，雄花生于上部，雄蕊6；雌花花被片紫红色；心皮分离，3～12；果肉质，成熟后沿腹缝线开裂。根、藤及果均药用。分布于陕西、甘肃、华北南部至长江流域各省。

木通科我国约40种。

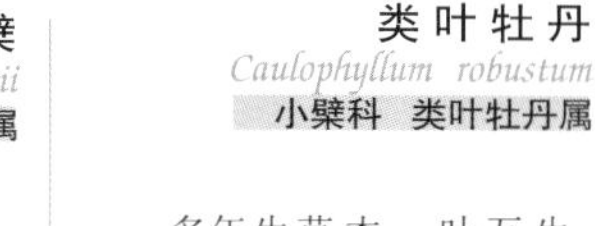

细叶小檗

Berberis poiretii

小檗科　小檗属

植株

花序

落叶小灌木；具叶刺，单一或稀3分叉；叶簇生于叶腋，倒披针形至狭倒披针形，边缘具不明显锯齿；总状花序下垂，具花8～15朵；萼片6，花瓣状，排成2轮；花瓣6，黄色，近基部具有一对腺体；雄蕊6，花药瓣裂；浆果鲜红色。根皮和茎皮供药用。分布于东北及华北等地区。

小檗属为小檗科最大的属，我国约200种。

类叶牡丹

Caulophyllum robustum

小檗科　类叶牡丹属

多年生草本；叶互生，2～3回3出复叶，具长柄，小叶片全缘或有时2～3裂，两面无毛，3出脉；圆锥花序顶生；花黄绿色，萼片3～6，花瓣状；花瓣6，蜜腺状；雄蕊6；心皮1；子房上位；果开裂；种子有肉质种皮，熟时蓝色。根和根茎及叶供药用。分布于东北、河北、河南、陕西、甘肃、安徽、四川、浙江等省区。

花序

淫羊藿

Epimedium breviconum

小檗科 淫羊藿属

植株

花

多年生草本；叶基生与茎生，2回3出复叶，基生叶具长柄，茎生叶2枚，小叶卵形，基部斜心形，边缘有刺毛状细锯齿；圆锥花序顶生，有花40~50朵；萼片8，外萼片暗绿色，内萼片白色或淡黄色；花瓣很小，长2~3mm；雄蕊4，伸出；蒴果短角状。全草药用。分布于山东、江苏、江西、湖南、贵州、四川、广西等省区。

木兰科
Magnoliacaea

玉兰

Magnolia denudata

木兰科 木兰属

花

落叶乔木；冬芽密生灰绿色灰黄色绒毛；单叶互生，全缘；托叶膜质，脱落后在小枝上留下一环状托叶痕；花单生于枝顶，先叶开放，白色，花被9片，花瓣状；聚合蓇葖果。除观赏外花还可提供浸膏，花蕾供药用，花瓣可食，种子可炸油。原产我国中部，各地广为栽培。

木兰科植物我国约150种。

深山含笑

Michelia maudiae

木兰科 含笑属

常绿乔木，全株无毛；单叶互生，革质，全缘；无托叶痕；花单生于枝梢叶腋，大形，白色，花被9片，3轮；雌蕊群有柄；聚合蓇葖果；种子红色。花供药用，又可提取芳香油。分布于浙江、湖南南部、福建、广东、广西及贵州东部等省区。

含笑属与木兰属的主要区别在于花腋生，雌蕊群有柄。含笑属我国约41种，而木兰属约31种。

植株

北五味子

Schisandra chinensis

木兰科　五味子属

花

果实

落叶木质藤本；单叶互生，边缘有腺状细齿；花单性异株，单生或簇生于叶腋，花梗细长；花被6～9片，乳白色或者粉红色；雄花有雄蕊5枚；雌花有17～40个离生心皮；花后花托延长，果熟时成穗状聚合浆果，果紫红色。果药用。分布于东北、华北、湖南、湖北、四川、江西等省区。

五味子属因木质藤本、穗状聚合浆果等特征常被分类学家从木兰科分出，放在五味子科中，我国约19种。

腊梅科 Calycanthaceae

腊梅

Chimonanthus praecox

腊梅科　腊梅属

落叶灌木；芽具多片覆瓦状鳞片；叶对生，纸质，全缘，脉上有短硬毛；花先叶开放，芳香，花被多片，蜡黄色，有光泽；能育雄蕊5～6，心皮多数，离生，生于弧形花托内，花托在果时半木质化，内含数个瘦果。为早春著名观赏花卉，花可提取芳香油，也可入药。原产四川、湖北、陕西等省，各地广泛栽培。

花

番荔枝科 Anonnaceae

假鹰爪

Desmos cochinchinensis

番荔枝科　假鹰爪属

直立或攀援灌木；叶薄革质，椭圆形，无毛；花黄白色，下垂，单朵与叶对生或互生；萼片3，卵圆形；花瓣6，2轮，外轮较大，椭圆状披针形；雄蕊多数；心皮多数，离生，柱头2裂；果串珠状。根及叶供药用。分布于我国南部各省区。

番荔枝科主要分布于热带和亚热带，我国100余种，以华南地区最多。

花

樟 科
Lauraceae

山苍子

Litsea cubeba

樟科 木姜子属

花

落叶灌木或小乔木，小枝黄绿色；无毛；单叶互生，纸质，全缘，有香气，羽状脉；雌雄异株，伞形花序腋先叶开放，有花4~6朵；花小，花被片6；能育雄蕊9，花药皆内向瓣裂；果近球形。又称山鸡椒，种子含油约40%，为工业用油。分布于长江以南各省区。

木姜子属我国约有64种，常见的还有毛叶木姜子（*L. mollis*）、木姜子（*L. pungens*）。

植株

樟树

Cinnamomum camphora

樟科 樟属

植株

果实

常绿乔木，枝叶有樟脑味；单叶互生，薄革质，全缘，有离基3出脉，脉腋有明显腺体；圆锥花序腋生；花小，淡黄绿色；花被片6；雄蕊4轮，最内轮为退化雄蕊，花药瓣裂；果球形，直径6~8 mm。为优良的材用树，根、枝、叶可提取樟脑和樟脑油。分布于长江以南及西南地区。

樟属我国有46种，主要产南方各省区。重要的种类有肉桂(*C. cassia*)。

罂粟科
Papaveraceae

花

白屈菜

Chelidonium majus

罂粟科 白屈菜属

多年生草本，含黄色液体；叶互生，1~2回羽状全裂；花排列成具总柄的伞形聚伞花序；萼片2，早落；花瓣4，黄色；雄蕊多数；心皮2，合生；蒴果细圆柱形，成熟时自基部而上2瓣裂。全草药用。分布于全国各地。

植株

花

紫堇

Corydalis edulis

罂粟科　紫堇属

一年生柔弱草本；全株光滑；叶具长柄，叶片2～3回羽状全裂；总状花序，与叶对生，具5～8朵花；萼片小，膜质，边缘撕裂；花瓣紫色，上花瓣具距；蒴果线形，下垂。种子黑色。全草及根供药用，但有毒，不可生服。分布于河北、山西、陕西、甘肃、江苏、浙江、江西、河北、湖南、四川、贵州等省区。

紫堇属为罂粟科最大的属，我国约150种；也有分类学家归入紫堇科。

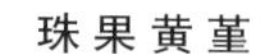

珠果黄堇

Corydalis speciosa

罂粟科　堇菜属

多年生草本；茎直立，有棱；叶互生，2～3回羽状全裂，末回裂片披针形至线形；总状花序顶生，具花8～18朵；萼片膜质；花瓣黄色，上花瓣具距；蒴果线形，种子间收缩成串珠状。分布于东北、河北、山东、安徽、浙江、湖南等省区。

植株

植株

博落迴

Mycleaya cordata

罂粟科　博落迴属

高大草本，株高2m；茎光滑，被白粉，含橙黄色汁液；叶宽卵形或者近圆形，7～9裂，边缘波状或者具波状牙齿；圆锥花序具多数花；萼片2，黄白色，无花瓣，雄蕊多数；蒴果，倒披针形或者窄倒披针形。全草有毒，可入药。分布于长江中下游各省。

植株

花

野罂粟

Papaver nudicaule

罂粟科 罂粟属

多年生草本，具乳汁，全体被粗毛；叶全基生，羽状全裂；花单独顶生；萼片2，早落；花瓣4，橘黄色；雄蕊多数；子房具棱，柱头5～9裂；蒴果，狭倒卵形，顶孔开裂。果实入药。分布于东北、华北、陕西、甘肃等省区。

十字花科 Cruciferae

一二年生草本，被单毛、分枝毛及星状毛；茎直立；基生叶莲座状，大头羽状分裂或羽状分裂，具柄，茎生叶狭披针形或披针形，基部抱茎；总状花序；花白色；短角果倒三角形，扁平。为常见杂草。分布于全国各地。

十字花科主产温带地区，我国约300种。

荠菜

Capsella bursa-pastoris

十字花科 荠属

植株　　花序

紫花碎米荠

Cardamine tangutorum

十字花科 碎米荠属

植株

多年生草本；茎直立，常不分枝；基生叶具有长柄，奇数羽状复叶，小叶3～5对，边缘有钝齿；茎生叶通常3，叶柄稍短；总状花序伞房状，有花12～15朵；花紫红色。长角果线形。常见于亚高山草甸，分布于河北、山西、陕西、甘肃、青海、新疆、四川、云南等省区。

植株

播娘蒿

Descurainis sophia

十字花科　播娘蒿属

一年生草本，有单毛及分叉毛；茎直立，有分枝；叶2～3回羽状全裂；末回裂片线形或线状长圆形，常密被短灰色分叉毛；花浅黄色；萼片线形，花瓣4，长匙形；长角果线形。种子作葶苈子入药。为常见杂草，分布于东北、华北、西北、华东、四川等省区。

糖芥

Erysimum bungei

十字花科　糖芥属

花序

多年生草本；密生二叉状贴伏毛；茎直立，具棱角；叶披针形或者长圆状线形，全缘或疏生波状小牙齿，叶柄由下而上渐短；花橙黄色；萼片4，花瓣4，具爪；长角果，略呈四棱形。全草药用。分布于东北、华北、陕西、江苏等省区。

豆瓣菜

Nasturtium officinale

十字花科　豆瓣菜属

多年生草本，无毛；茎中空，部分或者全部浸没在水中，节处生根；奇数大头羽状复叶，小叶1～4对，有少数波状齿或近全缘；总状花序顶生；花白色；萼片4；花瓣4，有长爪；长角果长圆形。常栽培作蔬菜食用；全草可入药。多生于流动的浅水中或溪边，分布于河北、山西、陕西、江苏、湖北、四川等省区。

植株

花序

诸葛菜

Orychophragmus violaceus

十字花科 诸葛菜属

植株

一二年生草本，全体无毛；茎直立；叶形变化大，基生叶和茎下部叶大头羽状分裂，具柄，上部茎生叶长圆形或者窄卵形，基部耳状，抱茎；花紫色或白色；花萼筒状，紫色，花瓣展开，有细脉纹；长角果线形，具4棱。又叫二月兰，为早春开花植物。分布于辽宁、河北、陕西、江苏、湖北等省市。

景天科
Crassulaceae

小丛红景天

Rhodiola dumulosa

景天科 红景天属

多年生草本，常成亚灌木状；枝簇生，基部常有褐色鳞片状叶；叶互生，密集，线形，无柄，全缘；聚伞花序顶生，具花4~7朵；花两性，萼片5；花瓣5，淡红色或者白色；雄蕊10，较花瓣短；心皮5，含多数胚珠；蓇葖果，直立或者上部稍开展。根状茎可入药。见于亚高山草甸，分布于东北、华北、内蒙古、西北、西南、华中。

花期植株　果期植株

瓦松

Orostachys fimbriatus

景天科 瓦松属

植株

二年生或多年生草本，无毛；基生叶莲座状，匙状线形，先端为白色软骨质；茎生叶螺旋状着生，无柄；花多数密集成总状或圆锥花序；萼片5；花瓣5，淡粉红色，具红色斑点；雄蕊10，花药紫红色；蓇葖果5。全草入药，但有毒，宜慎用。分布于东北、华北、西北、华东、内蒙古。

植株

景天三七

Sedium aizoom

景天科 景天属

多年生草本，无毛；茎、叶肉质；叶互生，椭圆状披针形至卵状披针形，边缘具锯齿，无柄；聚伞花序；花近无梗，萼片5，线形；花瓣5，黄色；雄蕊10，较花瓣短；心皮5，基部稍连合；蓇葖果，星芒状排列。全草入药。分布于东北、华北、西北至长江流域。

景天科植物我国约230种。

垂盆草

Sedum sarmentosum

景天科 景天属

多年生草本，枝匍匐，节处生根；叶3枚轮生，叶片倒披针形至长圆形；聚伞花序；花瓣5，黄色，披针形至长圆形；雄蕊10，较花瓣较短；心皮5，略叉开；蓇葖果。常盆栽供观赏；全草入药。分布于东北、华东、华南、西南等。

植株

虎耳草科
Saxifragaceae

落新妇

Astilbe chinensis

虎耳草科 红升麻属

植株

花序

多年生草本；茎与叶柄散生棕褐色长毛；基生叶2~3回3出羽状复叶，小叶边缘有重锯齿；茎生叶2~3，较小，托叶膜质；圆锥花序顶生，总花梗密被棕色卷曲长柔毛；花小，密集，几无梗；花萼5深裂；花瓣5，紫色或紫红色；雄蕊10；蓇葖果2。又称红升麻，根茎入药。分布于东北、华北、华南、西南、西北等。

花

大花溲疏

Deutzia grandiflora

虎耳草科　溲疏属

落叶灌木；叶对生，具短柄，叶片卵形，边缘有密而细的小锯齿；上面粗糙，散生4～5辐射枝的星状毛，下面灰白色，密被6～9辐射枝的星状毛；聚伞花序，具1～3花，萼裂片5，萼筒密生星状毛；花瓣5，白色；雄蕊10，花丝上部具2长齿；子房下位，花柱3；蒴果，半球形，具宿存花柱。可栽培供观赏。分布于东北、华北、西北、西南等地。

溲疏属我国约50种。

花

梅花草

Paranassia palustris

虎耳草科　梅花草属

多年生草本；基生叶丛生，具长柄，叶片卵形至心形，全缘；茎生叶1枚，无柄，基部抱茎；花单生枝端，白色；萼片、花瓣、雄蕊各5；假雄蕊5，上半部11～23丝状裂，裂片先端有黄色头状腺体；心皮4，合生；蒴果，上部4裂。分布于河北、东北、陕西、山西、内蒙古、甘肃、新疆等地。

近年来，分类学家将广义虎耳草科中的草本类群单独建立狭义的虎耳草科。

东陵八仙花

Hydrangea bretscheideri

虎耳草科　绣球属

落叶灌木；叶对生，叶片长卵形、椭圆状卵圆形或者长椭圆形，边缘具尖锯齿；聚伞花序生枝顶，边缘的不育花有大型萼片4，白色或淡紫色、淡黄色；两性花较小，淡白色；萼筒被疏毛，裂片5，宿存；花瓣5，早落；雄蕊10，两轮；子房半下位，花柱3；蒴果自顶端开裂。可栽培供观赏。分布于河北、山西、河南、甘肃、青海、湖北、四川等地。

绣球属我国约45种。

花序

花

太平花

Philadelphus pekinensis

虎耳草科 山梅花属

落叶灌木；叶对生，卵形至狭卵形，边缘疏生锯齿，具3主脉；总状花序，顶生于侧枝端，具5～9朵花，花轴、花梗均无毛；花白色；萼筒无毛，上部4裂；花瓣4；雄蕊多数；子房半下位；蒴果，倒圆锥形，4瓣裂。为良好的绿化观赏植物。分布于辽宁、河北、山西、河南、甘肃、江苏、浙江、四川等地。

山梅花属我国约12种。现代分类学家常将其和溲疏属、绣球属归入绣球科。

植株

果实

刺梨

Ribes burejense

虎耳草科 茶藨子属

落叶灌木；小枝密生细刺；单叶互生，叶掌状3～5深裂，边缘具齿；花两性，常单生或者两朵生叶腋，蔷薇色；萼管钟状，裂片5，宿存；花瓣5；雄蕊5；花柱2裂；子房有刺毛；浆果黄绿色，具黄褐色长刺。又叫刺果茶藨子，果含丰富的维生素C，可食用或制饮料。分布于东北、河北、山西、陕西等地。

现代分类学家常将茶藨子属归入茶藨子科。

花

东北茶藨子

Ribes mandshuricum

虎耳草科 茶藨子属

果实

花序

落叶灌木；枝灰褐色；单叶互生，叶较大，掌状3裂，边缘具锐齿；总状花序，长16cm；花两性，裂片5，反折，无睫毛；花瓣5，绿黄色；雄蕊5，明显外露；花柱2裂；浆果球形，熟时红色。果肉味酸可食，或制果酱或饮料。分布于东北、河北、山西、陕西、甘肃等地。

虎耳草

Saxifraga stolonifera

虎耳草科　虎耳草属

植株

多年生常绿草本，具匍匐茎，被柔毛；叶全基生，圆形或者肾形，边缘有浅裂或不规则钝锯齿，肉质；上面绿色，常有白斑；下面紫红色；圆锥花序疏松；花瓣5，白色，下2瓣大；雄蕊10；心皮2，下部合生；蒴果卵圆形，顶端2深裂。全草入药。原产于我国中部至南部各省，各地盆栽供观赏。

虎耳草属为虎耳草科最大的属，我国约200种。

植株

海桐花

Pittosporum tobira

海桐花科　海桐花属

常绿灌木；枝条近轮生；叶互生，常聚生枝端，革质，倒卵形，全缘；花白色，有香气；萼片5，基部连合；花瓣5；雄蕊5；子房卵球形，密生短柔毛，柱头头状；蒴果卵球形，3瓣裂；种子暗红色。原产于我国南部，各地普遍栽培。

海桐花科我国仅海桐花属1属，约34种，常见的种类还有光叶海桐（*P. glabratum*）。

花

金缕梅科
Hamamelidaceae

金缕梅

Hamamelis mollis

金缕梅科　金缕梅属

落叶灌木或小乔木；小枝有星状毛；叶宽倒卵形，基部心形，不对称，边缘有波状齿，下面密被茸毛；穗状花序短，腋生，生数朵花；花两性；萼筒短，萼齿4；花瓣4，黄白色，条形；雄蕊4，退化雄蕊4；子房近上位，花柱2；蒴果木质，2瓣开裂。根入药；分布于广西、湖南、湖北、安徽、江西、浙江。

枫香

Liquidambar formosana

金缕梅科 枫香属

落叶乔木；小枝有柔毛；叶宽卵形，掌状3裂，边缘有锯齿，掌状脉3～5条；托叶早落；花单性同株，无花被；雄花成柔荑花序，雄蕊多数；雌花多数组成头状花序，萼齿5，花后增长；子房半下位，花柱2；果序圆球形。根、叶、果入药；分布于黄河以南各省区。

植株

檵木

Loropetalum chinense

金缕梅科 檵木属

花

落叶灌木或小乔木；小枝有锈褐色星状毛；叶互生，叶片卵形，革质，基部不对称，全缘，下面密被星状柔毛；花两性，3～8朵簇生，萼筒被星状毛，萼齿4；花瓣4，白色，条形；雄蕊4，退化雄蕊鳞片状；子房半下位，花柱2；蒴果木质，2瓣开裂。常栽培供观赏。分布于长江中、下游以南，北回归线以北地区。

金缕梅科我国约有76种，常见的还有蚊母树（*Distylium racemosum*）。

杜仲科

Eucommiaceae

杜仲

Eucommia ulmoides

杜仲科 杜仲属

雄株

果实

落叶乔木，枝、叶、果折断后有白色橡胶丝；枝具片状髓；单叶互生，卵状椭圆形或者长圆状椭圆形，边缘有锯齿；花单性，雌雄异株，常先叶开放，无花被；雄花具雄蕊4～10，花丝极短；雌花单生，子房狭长，顶端有2叉状花柱；果为具翅小坚果。树皮供药用。分布于长江流域各省，各地普遍栽培。

杜仲科仅此1种，我国特有。

果实

花

龙牙草

Agrimonia pilosa

蔷薇科　龙牙草属

多年生草本；茎被柔毛；叶为间断奇数羽状复叶，小叶大小不等，托叶基部与叶柄连生；穗形总状花序；花黄色，萼筒上部有一圈钩状刺毛；瘦果包于宿存萼筒内。全草药用。除海南及香港外，全国各省区均有分布。

花

植株

贴梗海棠

Chaenomeles lagenaria

蔷薇科　木瓜属

落叶灌木；枝干丛生，有刺；叶椭圆形至长卵形，托叶大，呈肾形至半圆形；叶缘有不规则锐齿；花簇生，先叶开放或与叶同放，常为猩红色、橘红色或淡红色，花梗短；梨果卵形或球形。又名皱皮木瓜。枝密多刺可作绿篱。果实干制后可入药。分布于西北、西南及华南部分地区，我国各地有栽培。

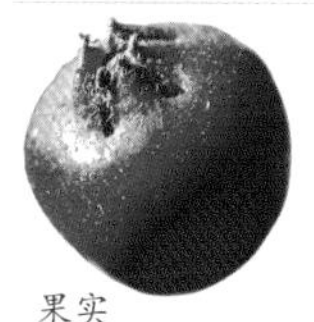

果实

平枝栒子

Cotoneaster horizontalis

蔷薇科　栒子属

落叶或半常绿匍匐灌木，枝水平开张成整齐二列状；叶常为近圆形或宽椭圆形，全缘。花萼筒钟状，雄蕊约12，短于花瓣；花柱常3。果近球形，成熟时鲜红色，常有3小核。分布于华东、华中、西南、西北等地。

栒子属为蔷薇科中具梨果、叶全缘、托叶早落的类群，我国约50种。

花

植株

果实

花

蛇莓

Duchesnae indica

蔷薇科　蛇莓属

多年生草本，有匍匐茎；羽状3出复叶，具托叶；花单生叶腋，副萼3裂，花黄色，花瓣5，雄蕊多数；聚合瘦果生膨大的肉质花托上。全草药用。分布于辽宁南部以南各省区。

东方草莓

Fragaria orientalis

蔷薇科　草莓属

多年生草本，有匍匐茎；3出复叶，两面有毛；花序聚伞状，花瓣白色，萼片果期水平展开，副萼片小。聚合瘦果半圆形，生于肉质隆起的花托上。果肉多汁，微酸甜，有浓香，可生食，制果酒、果酱。分布于东北、华北、西北、西南及华中等地。

果实

花

花

果实

水杨梅

Geum aleppicum

蔷薇科　路边青属

多年生草本；奇数羽状复叶，顶小叶大，侧生小叶不等大，有时重复羽裂；花序顶生，疏散排列；花黄色，花萼片平展，外有5枚副萼。瘦果，宿存顶端具钩状的花柱。分布于东北、华北、华中、西北、西南以及华东等地。

棣棠花

Kerria japonica

蔷薇科 棣棠花属

植株

落叶灌木，小枝绿色；单叶互生，有尖锐重锯齿；花单生，花瓣5，黄色，雄蕊多数，长为花瓣之半，雌蕊5～8，离生；瘦果侧扁，成熟时褐色或黑褐色。分布于华北、华东、西南、西北等地。

棣棠花属仅此1种，各地普遍栽培的主要为其变型重瓣棣棠花（*K. japonica* f. *pleniflora*）。

山荆子

Malus baccata

蔷薇科 苹果属

花

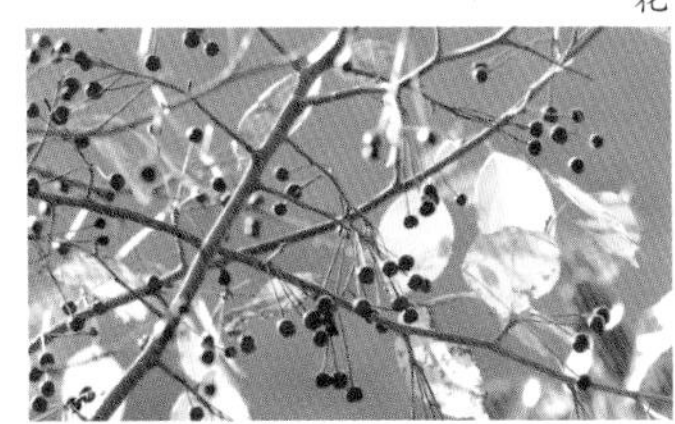

果实

落叶乔木；叶椭圆形或卵形，边缘有细锐锯齿，托叶早落；花序近伞形，花白色，雄蕊15～20，子房下位，花柱5或4，基部合生；梨果近球形，红或黄色。分布于我国东北、华北、西北、西南及华南等地。作苹果和花红砧木。

苹果属与梨属接近，区别在于后者花柱离生，果肉内含石细胞。

鹅绒委陵菜

Potentilla anserine

蔷薇科 委陵菜属

多年生草本；茎匍匐；叶基生，为间断羽状复叶，小叶4～23，叶上面为绿色，被稀疏柔毛或近无毛，下面密被紧贴银白色绢毛，小叶边缘全部有锯齿或裂片；花单生于叶腋，具副萼，花瓣黄色。分布于东北、华北、西北及西南等地。根富含淀粉，供食用和酿酒，也可作野菜和饲料。

委陵菜属也是蔷薇科的大属之一。

植株

莓叶委陵菜

Potentilla fragarioides

蔷薇科 委陵菜属

多年生草本；茎直立或上升；基生叶为羽状复叶，小叶2～4，叶上面无皱褶，下面散生柔毛；伞房状聚伞花序顶生，副萼片长圆状披针形，花瓣黄色；瘦果近肾形，有脉纹。分布于东北、华北、华东、华中、西北、西南等地。

植株

金露梅

Potentilla fruticosa

蔷薇科 委陵菜属

植株

花

落叶灌木；奇数羽状复叶，小叶3～7；花单生或数朵排成伞房状，有副萼，花瓣5，黄色，雄蕊多数；聚合瘦果。分布于东北、华北、西北、西南及华中等地。可栽培供观赏，也可作绿篱。

朝天委陵菜

Potentilla supine

蔷薇科 委陵菜属

一年生或两年生草本；茎平铺或斜生；羽状复叶，小叶7～13；花单生于叶腋，具副萼，花瓣5，黄色，雄蕊多数；聚合瘦果。分布于我国各地。

花

植株

山桃

Pruns davidiana

蔷薇科 李属

落叶乔木；叶阔披针形，边缘具细锯齿，叶基具腺体；花先叶开放，单生，淡粉或白色；托杯杯状，雄蕊多数，单雌蕊；核果近球形，果核有凹沟。分布于东北、华北、西北、西南等地，常见栽培。

花

稠李

Prunus padus

蔷薇科 李属

落叶乔木；幼枝被绒毛，后脱落无毛；叶椭圆形、长圆形或长圆状倒卵形，叶片基部具腺体；总状花序；花瓣白色，雄蕊多数；核果卵圆形。分布于西北、东北、华北等地。

花序

欧李

Prunus humilis

蔷薇科 李属

落叶灌木；小枝被短柔毛；叶倒卵状长圆形或倒卵状披针形，托叶线形；花叶同放，花瓣白或粉红色，花柱无毛；核果近球形，熟时鲜红或紫红色。分布于东北、华北及华东等地。庭院常有栽培。果味酸可食。种仁入药。

花

植株

花

榆叶梅

Prunus triloba

蔷薇科 李属

落叶灌木；单叶互生，叶片常3裂，边缘有不规则重锯齿，叶柄上有腺体；花1～2朵腋生，先叶开放，粉红色，近无柄；核果近球形。分布于东北、华北、华中、华东、西北等地。全国多数公园或街道均栽植其变种及变型。

植株

花

火棘

Pyracantha fortuneana

蔷薇科 火棘属

常绿灌木；侧枝短，先端刺状；叶倒卵形或倒卵状长圆形，有钝锯齿，近基部全缘；复伞房花序，花瓣白色，雄蕊20，花柱5；果近球形，橘红或深红色。分布于我国大部分地区，北方常见盆栽。

果实

鸡麻

Rhodotypos scandes

蔷薇科 鸡麻属

落叶灌木；单叶对生，卵形，具重锯齿；花单生枝顶；副萼片4，与萼片互生；花瓣4，白色，雌蕊常4，离生；核果黑色。分布于华北、华东、华中以及西北等地。南北各地有栽培，供观赏。

果实

花

美蔷薇

Rosa bella

蔷薇科 蔷薇属

果实

花

落叶灌木；小枝散生细直皮刺；小叶7~9，稀5；小叶椭圆形卵形或长圆形，有单锯齿，托叶大贴生于叶柄；花单生或2~3集生；蔷薇果椭圆状卵圆形，熟时猩红色，有腺毛，萼宿存。分布于东北、华北等地，果可酿酒；花制玫瑰酱及提取芳香油。

蔷薇属为蔷薇科的大属之一，识别特征为：具皮刺，奇数羽状复叶，托叶在叶柄基部合生，蔷薇果。

玫瑰

Rosa rugosa

蔷薇科 蔷薇属

落叶灌木；小枝密生绒毛，有针刺状皮刺；小叶5~9，表面皱，背面有柔毛和腺体；花单生叶腋或数朵簇生，花瓣紫红色或白色；蔷薇果扁球形，熟时砖红色。分布于我国华北地区。各地均有栽培。鲜花可蒸制芳香油，供食用及化妆品用，干制后可泡茶，花蕾可入药。

花

花

果实

山楂叶悬钩子

Rubus crataegifolius

蔷薇科 悬钩子属

落叶灌木，有刺；叶卵形或长卵形，3~5掌状分裂；花数朵簇生组成顶生短总状花序；花白色；雄蕊多数；聚合小核果近球形。又名牛叠肚。分布于东北及华北等地。

悬钩子属为蔷薇科的大属之一，属下种类划分较为困难。

地榆

Sanguisorba officinalis

蔷薇科 地榆属

多年生草本；奇数羽状复叶，小叶对生，有尖锐锯齿，托叶成对；穗状花序顶生，萼片4，紫红色，无花瓣；瘦果包藏宿存萼筒内。除台湾、海南及香港外，全国各省区均有分布。根为止血药；嫩叶可食，又可代茶。

花序

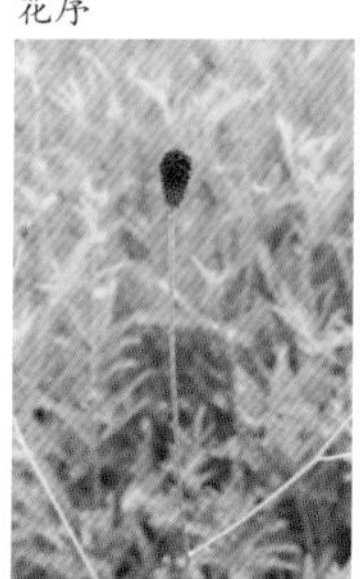

植株

北京花楸

Sorbus discolor

蔷薇科 花楸属

果实

落叶乔木；奇数羽状复叶，小叶5～7对，长圆形、长圆状椭圆形或长圆状披针形；托叶宿存，有粗齿；复伞房花序较疏散，无毛；花白色，雄蕊15～20；果卵圆形，白色或黄色。分布于华北、西北及华中等地。

中华绣线菊

Spiraea chinensis

蔷薇科 绣线菊属

花序

落叶小灌木；叶互生，菱状卵形或倒卵形，边缘有缺刻状粗齿，下面密被黄色绒毛；伞形花序；花白色，5瓣，雄蕊22～25，心皮5，离生；聚合蓇葖果。分布于我国大部分地区。

绣线菊属我国约60余种，绝大多数种类可庭院栽培供观赏。

植株

花

三籽两型豆

Amphicarpaea edgeworthii

豆科 两型豆属

植株

一年生缠绕草本；小叶3；总状花序腋生，花两型，下部有单生无瓣而能育的花；花冠白色或淡紫色；荚果长圆形，种子3。分布于东北、华北至陕、甘及江南各省。

直立黄耆

Astragalus adsurgens

豆科 黄耆属

植株

俗名沙打旺。多年生草本，有丁字毛；奇数羽状复叶，小叶7～23，椭圆形、长圆形或卵状椭圆形；总状花序于茎上部腋生；花冠蝶形，蓝紫色；荚果圆柱形，混生黑色褐色、白色的丁字毛。分布于东北、华北及西北等地。为优良牧草，也是一种良好的固沙和绿肥植物。

黄耆属为豆科中的大属，我国约250种，重要的有膜荚黄耆（*A.membranaceus*）、紫云英（*A.sinicus*）等。

花

红花锦鸡儿

Caragana rosea

豆科 锦鸡儿属

具刺落叶灌木；小叶4枚，假掌状排列；花单生，橙黄色或淡红色，花冠蝶形，二体雄蕊；荚果圆柱形。分布于华北及东北等地，生于山坡及沟谷。根可入药。

植株

决明

Cassia obtusifolia

豆科 决明属

一年生亚灌木状草本；偶数羽状复叶，小叶3对，每对小叶间的叶轴上有1枚腺体；花黄色，能育雄蕊7；荚果近四棱形。原产美洲热带地区，现全世界热带地区广泛分布，我国长江以南各省区均有野化，生于山坡、旷野及河滩沙地上。种子药用。

植株

果实

植株

猪屎豆

Crotalaria pallida

豆科 猪屎豆属

多年生草本或呈灌木状；3出复叶；总状花序顶生，花冠黄色，长于花萼1倍，雄蕊10，合生为单体；荚果常长圆柱形，成熟后毛脱落。分布于华东、华中及西南等地。全草药用；茎叶可作绿肥和饲料。

野大豆

Glycine soja

豆科 大豆属

一年生缠绕草本；茎纤细；小叶3，顶生小叶卵圆形或卵状披针形；总状花序腋生，花冠淡紫红或白色；荚果长圆形，密生黄褐色硬毛；种子褐色或黑色。全国大部分地区产该种。为重要的种质资源，可作饲料、绿肥和水土保持植物；亦可入药。

花

植株

刺果甘草

Glycyrrhiza pallidiflora

豆科 甘草属

多年生草本；茎直立，密被黄褐色鳞片状腺点；奇数羽状复叶；小叶9～15，披针形，先端渐尖；总状花序腋生，蝶形花冠，淡紫、紫或紫红色；荚果圆形，有硬刺。分布于我国中部及北部等地，生于河滩地、岸边、田野或路旁。茎叶作绿肥。

花序

植株

果实

花　果实

米口袋

Gueldenstaedtia multiflora

豆科 米口袋属

多年生草本，全株有白色柔毛；茎缩短；奇数羽状复叶，集生于茎的上端，小叶9～21；伞形花序具花2～8朵，花冠蝶形，蓝紫色；荚果圆柱形。分布于东北、华北及华东等地。全草可入药。

植株　花

细枝岩黄芪

Hedysarum scoparium

豆科 岩黄芪属

亚灌木；奇数羽状复叶，最上部叶通常无小叶或仅具1枚顶生小叶；总状花序腋生；龙骨瓣前下角呈弓形弯曲；荚果具白色密毡状毛，成熟时横裂为数节，每节1种子。分布于我国西北，生于半荒漠的沙丘或沙地，荒漠前山冲沟中的沙地，为优良的固沙植物。

花

长萼鸡眼草

Kummerowia stipulacea

豆科 鸡眼草属

一年生草本；小枝被向上的毛；3出羽状复叶，小叶常为倒卵形、宽倒卵形或倒卵状楔形，先端微凹；托叶膜质，宿存。花1～3朵簇生于叶腋，蝶形花冠，紫红色；荚果不开裂，内仅含1粒种子。分布于我国大部分地区。全草药用；又可作饲料及绿肥。

茳茫香豌豆

Lathyrus davidii

豆科 香豌豆属

多年生高大草本；茎近直立或斜升；偶数羽状复叶，叶轴顶端有不分枝的卷须，小叶2～5对，托叶较大；总状花序腋生；蝶形花冠，花黄色；荚果线状长圆形。分布于东北、华北及西北部分地区。茎、叶可作家畜饲料或绿肥。

植株

花

胡枝子

Lespedeza bicolor

豆科 胡枝子属

落叶灌木；3出羽状复叶，小叶全缘；总状花序腋生，总花梗长于叶，花紫红色，花冠蝶形，二体雄蕊；荚果斜倒卵形，含1粒种子。分布于全国中部及北部地区。为重要的水土保持植物。

植株

天蓝苜蓿

Medicago lupulina

豆科　苜蓿属

一、二年生草本；羽状3出复叶，小叶倒卵形、宽倒卵形或倒心形。花序头状，花冠黄色；荚果肾形，含种子1粒。全国大部分地区有分布，见于河岸、路边、田野或林缘。

植株

草木樨

Melilotus officinalis

豆科　草木樨属

植株

花序

一、二年生草本；茎粗状多分枝；羽状3出复叶，小叶边缘具疏齿；总状花序腋生，花小，黄色；荚果椭圆形，含种子1~2粒。分布于全国北方大部分地区，生于山坡、河岸、路旁、砂质草地或林缘，各地常见栽培，为常见牧草。

含羞草

Mimosa pudica

豆科　含羞草属

亚灌木状草本；茎具有钩刺及倒生刺毛；2回偶数羽状复叶，常由4枚羽片掌状排列而成，小叶10~20对，羽片和小叶触之即闭合而下垂；头状花序圆球形，花小，淡红色；花冠4裂，雄蕊4；荚果长圆形，3~5节。原产热带美洲，现广布于世界热带地区。在台湾、福建、广东、广西、云南等地已野化。

植株

花序

果实

补骨脂

Psoralea corylifolia

豆科 补骨脂属

一年生直立草本，全株被白色柔毛和黑色腺点；单叶，叶片近革质，宽卵形；总状花序近头状，有10余朵花，花冠淡紫色或白色，雄蕊10，花丝下部连合；荚果卵圆形，含1粒种子。分布于西部及南部部分地区，生于山坡、溪边或田边，全国大部分地区有栽培。种子药用。

苦参

Sophora flavescens

豆科 槐属

多年生草本或呈灌木状；奇数羽状复叶，小叶15～29；总状花序顶生，花密集，花淡黄白色，雄蕊的花丝分离或基部稍连合；荚果串珠状。广布于全国各地。根可入药。种子含金雀花碱，可作农药。又为水土保持改良土壤植物。

花序

植株

苦马豆

Sphaerophysa salsula

豆科 苦马豆属

半灌木或多年生草本，被白色丁字毛；奇数羽状复叶有11～21小叶，小叶倒卵形或倒卵状长圆形；总状花序腋生，长于叶；花冠初时鲜红后为紫红色；荚果卵圆形，膨胀。分布于东北、华北等地。

野火球

Trifolium lupinaster

豆科 车轴草属

植株

多年生直立草本，上部分枝被柔毛；掌状复叶，小叶常5；头状花序生于顶端和上部叶腋；花冠蝶形，淡红或紫红色；荚果长圆形，含种子1~2粒。分布于东北、华北、西北等地，生于低湿草地、林缘或山坡，可作饲料和绿肥。

广布野豌豆

Vicia cracca

豆科 野豌豆属

多年生草本；茎攀援或蔓生，有棱，被毛。偶数羽状复叶，叶轴顶端有分枝的卷须；小叶线形、长圆形或线状披针形；蝶形花冠紫、蓝紫或紫红色；荚果长圆形。分布于我国大部分地区，为优良牧草及绿肥作物。

花序

酢浆草科

Oxalidaceae

酢浆草

Oxalis corniculata

酢浆草科 酢浆草属

植株

多年生草本；全株被柔毛；茎常匍匐，节上生根；叶基生，或茎上互生，3出掌状复叶，小叶倒心形；花单生，或为伞形花序；花瓣5，黄色；雄蕊10枚，5长5短，花丝基部结合成筒；花柱5；蒴果近圆柱形，5棱。酢浆草全草入药；分布于南北各省区。

酢浆草属我国约有7种，常见的还有山酢浆草（*O. griffithii*）；酢浆草科亦含有感应草（*Biophytum sensitivum*）、阳桃（*Averrhoa carmbola*）等。

牻牛儿苗

Erodium stephanianum

牻牛儿苗科 牻牛儿苗属

多年生草本；叶对生，2回羽状深裂；伞形花序腋生；萼片5，先端有长芒；花瓣5，淡紫色或紫蓝色；雄蕊2枚，排成2轮，5枚具药且与萼片对生；蒴果顶端有长喙，成熟时5个果瓣与中轴分离，喙部呈螺旋卷曲。牻牛儿苗全草入药；分布于东北、华北、西北及四川、西藏等省区。

牻牛儿苗属我国产4种，西北常见的还有芹叶牻牛儿苗（*E. cicutarium*）。

植株

花

粗根老鹳草

Geranium dahuricum

牻牛儿苗科 老鹳草属

植株

多年生草本；叶对生，5～7掌状深裂；聚伞花序，疏散，常2朵花；萼片5，先端具短尖头；花瓣5，紫红色；雄蕊10枚；蒴果具喙，成熟时自下而上反卷。粗根老鹳草分布于东北、华北、西北及四川、西藏等省区。

老鹳草属我国约55种，常见的还有老鹳草（*G. wilfordii*）、毛蕊老鹳草（*G. eriostemon*）等。

鼠掌老鹳草

Geranium sibiricum

牻牛儿苗科 老鹳草属

花

多年生草本；叶对生，肾状五角形，掌状5裂；花常单生；花瓣5枚，淡紫红色或白色，先端微凹；蒴果具喙，成熟时自下而上反卷。鼠掌老鹳草又称西伯利亚老鹳草，分布于南北各省区。

植株

野亚麻

Linum stelleroides

亚麻科 亚麻属

植株

一年生或二年生草本；茎直立，基部木质化；叶互生，条形至披针形；聚伞花序；萼片边缘具黑色腺点，花瓣5，淡紫色或蓝紫色；雄蕊5枚，花丝基部合生，常具退化雄蕊；花柱5；蒴果球形。野亚麻可作为纤维原料；分布于东北、华北、西北、华中、西南等省区。

花

亚麻属植物我国约9种，较为常见的还有宿根亚麻（*L. perenne*）以及栽培作物亚麻（*L. usitatissimum*）。

石海椒

Reinwardtia indica

亚麻科 石海椒属

植株

常绿灌木；叶互生，倒卵状椭圆形；花单生或数朵簇生；花瓣5枚，偶见4枚，黄色，旋转排列；雄蕊5枚，花丝下部合生，另具退化雄蕊；花柱3枚；蒴果球形。石海椒全株入药，消炎解毒，清热利尿；分布于华南、西南及湖北、福建等省区。

骆驼蓬

Peganum harmala

蒺藜科 骆驼蓬属

多年生草本；茎多分枝，铺地散生；叶互生，肉质，3~5全裂，裂片条状披针形；花单生，与叶对生；花瓣5枚，黄白色；雄蕊15枚；花柱3枚；蒴果近球形。骆驼蓬全草入药，亦可作牧草；分布于西北及西藏、内蒙古等省区。

蒺藜科多生于干旱地，常见种类还有白刺（*Nitraria sibirica*）、霸王（*Zygophyllum xanthoxylum*）等。

植株

植株

蒺藜

Tribulus terrestris

蒺藜科 蒺藜属

一年生草本；茎平卧，常被柔毛；偶数羽状复叶互生，小叶对生；花单生叶腋；花瓣5枚，黄色；雄蕊10枚；柱头5裂；果由5个分果瓣组成，扁球形，每果瓣具刺，背面有瘤状突起。蒺藜果实入药；广布于全国各地。

花

果实

芸香科 Rutaceae

白鲜

Dictamnus dasycarpus

芸香科 白鲜属

多年生草本；全株有强烈香气；茎基部木质化；奇数羽状复叶互生，小叶对生；总状花序；花瓣5，下面1片下倾并稍大，白色、粉红色或带深紫红色脉纹；雄蕊10枚，伸出花瓣外；蒴果5瓣，顶端具尖喙，密被棕黑色腺点及白色柔毛。白鲜根皮入药；分布于东北、华北、西北、华中及四川、江苏等省区。

白鲜属我国仅此1种；芸香科常见的还包括黄檗（*Phellodendron amurense*），以及广泛栽培的柚（*Citrus grandis*）、柑橘（*C. reticulata*）等。

果实

植株

花

北芸香

Haplophyllum dauricum

芸香科 拟芸香属

多年生草本；茎基部木质，具透明油点；叶互生，倒披针形，油点甚多；伞房状聚伞花序；花瓣5枚，黄色，边缘膜质，散生半透明油点；雄蕊10枚；蓇葖果球形，自顶部开裂。北芸香可作饲料用植物；分布于东北、西北及内蒙古、河北等省区。

花

果实

花

九里香

Murraya exotica

芸香科　九里香属

灌木或小乔木；奇数羽状复叶互生，小叶互生；聚伞花序；花极芳香，花瓣5枚，白色，有透明腺点；雄蕊10枚，长短相间；柱头黄色，粗大；浆果阔卵形，橙黄色至朱红色。九里香常用作绿篱，亦可作盆景；分布于华南及东南、西南部分省区，各地室内有栽培。

竹叶椒

Zanthoxylum armatum

芸香科　花椒属

灌木或小乔木；茎枝具皮刺；奇数羽状复叶互生，叶轴具翅，小叶对生；聚伞状圆锥花序；花单性，雌雄同株，花被片6~8枚，绿色，不明显；雄花具6~8枚雄蕊；雌花具2~4枚花柱；蓇葖果红色，有粗大而突起的腺点。竹叶椒可入药，果皮可作调味剂；分布于华中、华东、华南、东南、西南各省区。

花椒属我国约产39种，常见的还有野花椒（*Z. simulans*）、两面针（*Z. nitidum*）等种类。

植株

花

臭椿

Ailanthus altissima

苦木科　臭椿属

落叶乔木；奇数羽状复叶互生，小叶对生或近对生，具腺体，揉搓后有臭味；圆锥花序；花杂性，花瓣5枚，淡绿色；雄蕊10枚，花丝基部密被硬粗毛；翅果矩圆状椭圆形。臭椿树皮入药，可清热止痢，亦为常见的行道树；分布于南北各省区，世界各地多见栽培或野生。

果实

花　　植株

楝

Melia azedarach

楝科 楝属

花

植株

落叶乔木；树皮纵裂；2～3回奇数羽状复叶，互生，小叶对生；圆锥花序；花紫色或淡紫色，芳香，花瓣5，被毛；雄蕊花丝合生成筒，紫色；核果近球形，淡黄色。楝的叶、果入药，木材可用；分布于黄河以南各省区。

楝科还包括可供食用的香椿（*Toona sinensis*）、芳香花卉米兰（*Aglaia odorata*）以及一些产材树种。

西伯利亚远志

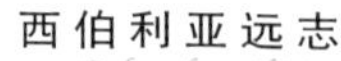

Polygala sibirica

远志科 远志属

植株

多年生草本；叶互生，卵形至披针形；总状花序，最上一个假顶生，常高出茎顶端；萼片5枚，淡绿色。外轮3片小，内轮2片花瓣状；花瓣3枚，蓝紫色，中间1片龙骨瓣状，先端有撕裂成条的鸡冠状附属物；蒴果倒心形。西伯利亚远志的根入药；分布于南北各省区。

远志属我国产42种，常见的还有远志（*P. tenuifolia*）、瓜子金（*P. japonica*）等。

铁苋菜

Acalypha australis

大戟科 铁苋菜属

一年生草本；叶互生，基部有3出脉；花单性，雌雄同株；穗状花序腋生；雄花位于花序上部，穗状；雌花常3花生于叶状苞片内，苞片卵状心形；蒴果。铁苋菜又叫海蚌含珠，全草入药；分布于南北大部分省区。

大戟科我国约有350种。

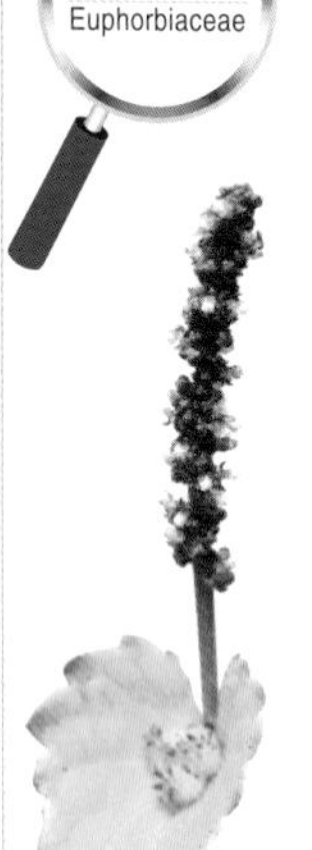

花序

植株

花

植株

山麻杆

Alchornea davidii

大戟科　山麻杆属

落叶灌木；叶互生，心形，基出三脉；花单性，雌雄同株，雄花序穗状，雌花序总状；雄花无花瓣，萼片常3枚，雄蕊6～8枚；雌花无花瓣，萼片5枚，花柱3枚，线状；蒴果近球形，具3圆棱。山麻杆叶常红色，可栽培作观叶植物；分布于华中、西南等省区。

地锦

Euphorbia humifusa

大戟科　大戟属

一年生草本；茎匍匐，多分枝，常带紫红色；叶对生，长圆形，绿色或淡红色；杯状聚伞花序；总苞顶端4裂，裂片间具4个腺体；雄花无花被，仅1枚雄蕊；雌花无花被，花柱3枚，柱头2裂；蒴果三棱状球形。地锦全草入药；分布于南北各省区。

植株
花序

泽漆

Euphobia helioscopia

大戟科　大戟属

一年生草本；叶互生，倒卵形或匙形，先端具牙齿；杯状聚伞花序；总苞边缘5裂，腺体4个；雄花多枚，明显伸出总苞外，无花被，仅1枚雄蕊；雌花1枚，无花被，花柱3枚，柱头2裂；蒴果三棱状圆形。泽漆全草入药；分布于华北、西北、华中、华东、西南等省区。

花序

大戟属为大戟科最大的属，我国约产66种，常见的还有大戟(*E. pekinensis*)、钩腺大戟（*E. sieboldiana*）等。

乳浆大戟

Euphorbia esula

大戟科　大戟属

花序

植株

多年生草本；叶互生，线形至卵形；不育枝叶常窄细；杯状聚伞花序，苞叶披针状；总苞顶端4裂，裂片间具4个月牙状腺体；雄花多枚，无花被，仅1枚雄蕊；雌花无花被，花柱3枚，柱头2裂；硕果卵球形。乳浆大戟又称猫眼草，分布于南北各省区。

算盘子

Glochidion puberum

大戟科　算盘子属

植株

落叶灌木；小枝、叶背、萼片、果实均被短毛；叶互生，排成2列，倒卵状长圆形；花单性，雌雄同株或异株，2～5朵簇生叶腋；萼片6枚，黄绿色，无花瓣；雄花雄蕊3枚，合生呈圆柱状；雌花子房圆球形，花柱合生呈环状；蒴果扁球形，纵沟槽明显，成熟时带红色。算盘子全株入药，亦为酸性土壤指示植物；分布于西北、华中、华东、华南、西南等省区。

雀儿舌头

Leptopus chinensis

大戟科　雀儿舌头属

落叶小灌木；老枝褐色，小枝绿色或浅褐色；叶互生，卵形至披针形；花单性，雌雄同株，单生或2～4朵簇生于叶腋；花瓣5枚，白色或绿色；雄花具5个腺体，雄蕊5枚；雌花花盘环状，柱头2裂；蒴果扁球形。雀儿舌头又叫黑钩叶，可用于保持水土；分布于南北大部分省区。

花

植株

植株

黄珠子草

Phyllanthus virgatus

大戟科 叶下珠属

一年生草本；叶互生，排成2列，长圆形，有小尖头；花单性，雌雄同株，常2～4朵雄花和1朵雌花簇生于叶腋；雄花萼片6枚，雄蕊3枚；雌花萼片6裂，紫红色，外折，花柱2深裂且反卷；蒴果成熟时紫红色，有鳞片状凸起，萼宿存。黄珠子草全株入药；分布于华中、华东、华南、西南及河北、山西、陕西等省区。

叶下珠属我国产33种，常见的还有叶下珠（*Ph. urinaria*）、蜜甘草（*Ph. matsumurae*）等种类。

植株

乌桕

Sapium sebiferum

大戟科 乌桕属

落叶乔木；叶互生，菱状卵形，叶柄顶端具2腺体；花单性，雌雄同株，穗状花序，雌花在下部，雄花在上部，或全为雄花；雄花萼片杯状，3浅裂，雄蕊2枚，稀3枚，伸出；雌花萼片3深裂，花柱3枚，柱头反卷；蒴果梨状球形。乌桕为油脂植物，种子产油，亦可用于制蜡烛、肥皂；分布于黄河以南各省区。

乌桕属我国有9种，较为常见的还有山乌桕（*S. discolor*）、白木乌桕（*S. japonica*）。

黄杨科
Buxaceae

黄杨

Buxus sinica

黄杨科 黄杨属

花序

果实

常绿灌木或小乔木；叶对生，革质，卵状椭圆形，先端常凹陷；花单性，雌雄同株，簇生于叶腋或枝顶；雄花无花瓣，萼片4枚，雄蕊4枚；雌花无花瓣，萼片6枚，花柱3枚；蒴果近球形，花柱宿存。黄杨可作绿篱或供观赏；分布于西北、华中、华东、华南、西南等省区，现广泛栽培。

黄杨属我国约17种，较为常见的种类还有雀舌黄杨（*B. harlandii*）。

漆树科
Anacardiaceae

花

果期植株

黄栌

Cotinus coggygria var. *cinerea*

漆树科　黄栌属

落叶灌木或乔木；单叶互生，卵圆形或圆形，秋季变红色；圆锥花序顶生，杂性；花瓣5枚，黄绿色，花盘杯状，5裂，紫褐色；雄蕊5枚；子房近球形，花柱3枚；果序具多条不孕花梗，羽毛状，紫绿色；核果肾形，红色。黄栌又称红叶，可供观赏；分布于华北、华中、西南及陕西、甘肃、浙江等省区。

黄栌属我国约产3种，南方较为常见的还有毛黄栌（*Cotinus coggygria* var. *pubescens*）；漆树科常见的有栽培作行道树或食用的杧果（*Mangifera indica*）。

黄连木

Pistacia chinensis

漆树科　黄连木属

落叶乔木；树皮暗褐色，鳞片状剥落；偶数羽状复叶，互生，小叶对生，沿叶脉有毛；花单性，雌雄异株，圆锥花序；雄花萼片2～4枚，雄蕊3～5枚；雌花萼片6～9枚，柱头3枚；核果卵球形。黄连木可产木材，亦可提取栲胶；分布于华北、华中、华东、西南等省区。

植株

植株

花序

盐肤木

Rhus chinensis

漆树科　盐肤木属

落叶灌木或小乔木；小枝、叶柄及花序均被毛；奇数羽状复叶互生，叶轴及叶柄常有翅，小叶对生；圆锥花序，花杂性；花瓣黄白色，5～6枚；雄蕊5枚；花柱3枚；核果近球形，略扁，红色。盐肤木又称五倍子，因其可用于饲养五倍子蚜虫而得名，可供轻工业及医药；除新疆、青海外，分布于南北各省区。

盐肤木属我国产6种，较为常见的还有青麸杨（*Rh. potaninii*）、红麸杨（*Rh. punjabensis* var. *sinica*）。

冬青科
Aquifoliaceae

满树星

Ilex aculeolata

冬青科 冬青属

果期植株

落叶灌木；具皮孔；叶在长枝互生，在短枝簇生于顶端，倒卵形；花单性，雌雄异株；雄花序1～3朵花，花瓣4～5枚，白色，有香气；雌花序仅1朵花，花白色，柱头厚盘状，4裂。浆果状核果，球形，成熟时黑色。满树星分布于华中、华东、华南等省区。

冬青科我国仅此1属，约204种，多见于长江流域及以南地区，常见种类还有冬青（*I. chinensis*）、铁冬青（*I. rotunda*）等。

枸骨

Ilex cornuta

冬青科 冬青属

常绿灌木或小乔木；叶互生，硬革质，矩圆状四方形，先端具3枚尖硬刺齿，两侧各具1～2枚刺齿；花单性，雌雄异株，簇生于二年生的枝条上；花瓣4枚，黄绿色；雄蕊4枚；浆果状核果，球形，成熟时鲜红色，花萼宿存，顶端宿存柱头盘状，4裂。枸骨可入药，亦可栽培观赏；分布于长江流域各省。

植株

卫矛科
Celastraceae

南蛇藤

Celastrus orbiculatus

卫矛科 南蛇藤属

花

果实

攀援状灌木；小枝有多数皮孔；叶互生，叶形变异大，常阔倒卵形；聚伞状圆锥花序，花杂性；花冠黄绿色，花瓣5枚，花盘浅杯状；柱头3浅裂；蒴果近球形，3瓣裂，种子包有红色假种皮。南蛇藤可入药；分布于东北、华北、西北、华东、西南、华南等省区。

南蛇藤属我国约24种，常见的还有苦皮藤（*C. angulatus*）、青江藤（*C. hindsii*）等；卫矛科除南蛇藤属、卫矛属等常见种类外，要注意有毒植物雷公藤（*Tripterygium wilfordii*）。

枝

花

卫矛

Euonymus alatus

卫矛科　卫矛属

落叶灌木；小枝常具木栓质阔翅；叶对生，卵状椭圆形；聚伞花序；花冠白绿色，花瓣4枚；雄蕊4枚，着生于花盘边缘处；蒴果深裂，常4裂片，带紫色，种子具红色假种皮。卫矛的树皮、根、叶可以提取硬橡胶；分布于我国南北各省区。

卫矛属为卫矛科最大的属，我国约180种，常见种类还有扶芳藤（*E. fortunei*）、八宝茶（*E. przewalskii*）等。

植株

花

白杜卫矛

Euonymus maackii

卫矛科　卫矛属

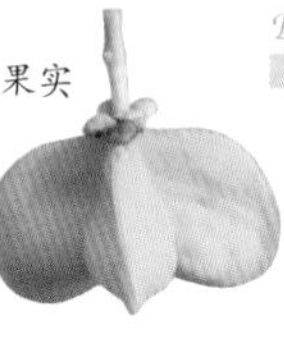
果实

落叶灌木或小乔木；叶对生，卵状椭圆形；聚伞花序，1～2回分枝；花冠淡绿色，花瓣4枚，花盘肥大；雄蕊4枚，花药紫色；蒴果倒圆锥形，上部4裂，成熟时粉红色，假种皮橙红色。白杜卫矛又叫明开夜合、丝棉木，可供观赏；分布于东北、华北、西北、华中、华东等省区。

果期植株　花期植株

省沽油

Staphylea bumalda

省沽油科　省沽油属

落叶灌木；复叶对生，具3小叶；圆锥花序；萼片5枚，浅黄白色；花瓣5枚，白色；雄蕊5枚；蒴果膀胱状。省沽油种子产油，可制肥皂及油漆；分布于东北、华北、华中、华东及陕西、四川等省区。

省沽油属我国产4种，常见种类还有膀胱果（*S. holocarpa*）；省沽油科常见种类还有野鸦椿（*Euscaphis japonica*）、瘿椒树（*Tapiscia sinensis*）等。

槭树科 Aceraceae

葛萝槭

Acer grosseri

槭树科 槭属

落叶乔木；小枝绿至紫绿色；叶对生，卵形，5浅裂，先端短尾尖；花单性，雌雄异株，总状花序下垂；花瓣5枚，黄绿色；雄蕊8枚，生于花盘边缘；子房紫色；翅果，幼时淡紫色，熟后黄褐色，两翅钝角或近于水平。葛萝槭分布于华北、西北、华中等省区。

槭属是槭树科中最大的属，我国约产140余种，常见的还有鸡爪槭（*A. palmatum*）、中华槭（*A. sinensis*）等种类。

果实

花序

果期植株

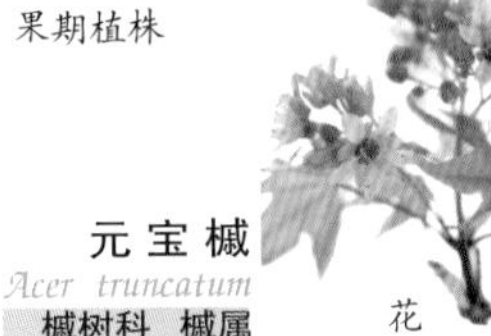

花

元宝槭

Acer truncatum

槭树科 槭属

落叶乔木；树皮深纵裂；叶对生，常5裂；伞房花序，雄花与两性花同株；花瓣5枚，黄绿色；雄蕊8枚，着生于花盘内侧边缘；翅果，张开成锐角或钝角。元宝槭又称元宝枫、平基槭，木材可供建筑用，亦可作为行道树或观赏树种；分布于东北、华北及西北、华中、华东部分省区。

无患子科 Sapindaceae

倒地铃

Cardiospermum halicacabum

无患子科 倒地铃属

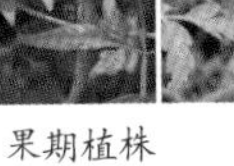

果期植株

花期植株

一年生草质攀援藤本；叶互生，2回3出复叶；圆锥花序，最下一对花梗发育为卷须；花常杂性，花瓣4枚，乳白色；雄蕊8枚；蒴果囊状三棱形。倒地铃又称风船葛、包袱草，全株入药；分布于华东、华南及西南、华中部分省区。

倒地铃属我国产2种；无患子科常见的还有龙眼（*Euphoria longan*）、荔枝（*Litchi chinensis*）等。

花

花期植株

果期植株

栾树

Koelreuteria paniculata

无患子科　栾树属

落叶乔木；羽状复叶或2回羽状复叶，互生，小叶互生或对生；圆锥花序，花杂性；花瓣4枚，淡黄色，基部常橙红色至紫色，开时向外翻折；雄蕊8枚；蒴果囊状。栾树常栽培作行道树或观赏树种，木材可制家具；分布于东北、华北、华中、华东、西南及陕西、甘肃等省区。

果实

花序

文冠果

Xanthoceras sorbifolia

无患子科　文冠果属

落叶灌木或小乔木；奇数羽状复叶，小叶常互生；总状花序，花杂性；花瓣5枚，白色，基部红色或黄色，具爪；花盘5裂，具橙色角状附属物；蒴果球形。文冠果种子可出油，亦常栽培供观赏；分布于东北、华北及甘肃、宁夏、辽宁、内蒙古等省区。

文冠果属仅此1种。

凤仙花科
Balsaminaceae

水金凤

Impatiens noli-tangere

凤仙花科　凤仙花属

一年生草本；叶互生，卵状椭圆形；总状花序具2~4朵花，花梗下垂；侧生萼片2枚；花瓣5枚，黄色，唇瓣宽漏斗状，喉部常有红色斑点，基部渐狭成距；蒴果条状矩圆形。水金凤分布于东北、华北、华中、华东等省区。

凤仙花科仅2属，另1属水角属仅1种；凤仙花属最突出特征为后面1枚花萼向外延伸成距，蒴果弹裂。我国约产220种。

花

黄金凤

Impatiens siculifer

凤仙花科 凤仙花属

花

一年生草本；叶互生，常密集于茎上部，卵状披针形，边缘有粗锯齿；总状花序，腋生；侧生萼片2枚；花瓣5枚，黄色，唇瓣狭漏斗状，先端有喙状短尖，基部延长成长距；蒴果棒状。黄金凤茎可入药，清热解毒，消肿止痛；分布于华中、西南等省区。

窄萼凤仙花

Impatiens stenosepala

凤仙花科 凤仙花属

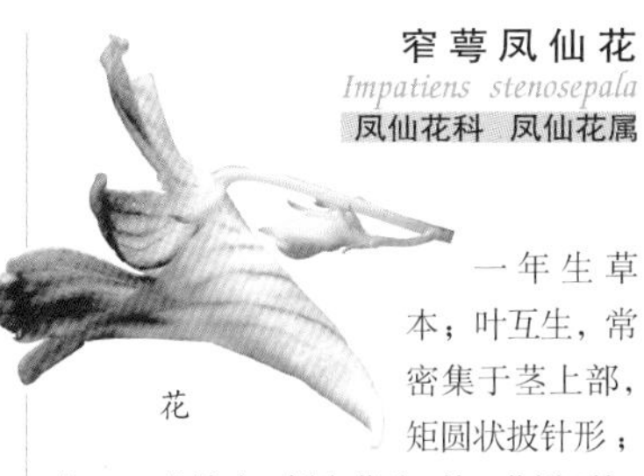

花

一年生草本；叶互生，常密集于茎上部，矩圆状披针形；花1～2朵腋生；侧生萼片4枚；花瓣5枚，紫红色，唇瓣囊状，有内弯的短距；蒴果条形。窄萼凤仙花分布于华中、西南及山西等省区。

植株

鼠李科
Rhamnaceae

多花勾儿茶

Berchemia floribunda

鼠李科 勾儿茶属

果实

落叶攀援灌木；叶互生，近卵形，全缘，上面深绿色，下面灰白；宽圆锥花序；花瓣5，黄绿色；雄蕊5枚，与花瓣对生；核果圆柱状。多花勾儿茶根可入药，嫩叶亦可代茶；分布于华北、西北、华中、华东、华南、西南等省区。

勾儿茶属我国产18种，较为常见的有勾儿茶（*B. sinica*）、多叶勾儿茶（*B. polyphylla*）等。鼠李科常见的有雀梅藤（*Sageretia theezans*）、拐枣（*Hovenia dulcis*）等。

植株

花

果期植株

冻 绿

Rhamnus utilis

鼠李科 鼠李属

落叶灌木或小乔木；小枝红褐色，枝端常具针刺；叶互生，或在短枝上簇生，卵状椭圆形；聚伞花序，花单性，雌雄异株；花瓣4枚，黄绿色；雄蕊4枚，与花瓣对生；核果近球形，黑色。冻绿种子可作润滑油；分布于华北、华中、华东、华南、西南及西北部分省区。

鼠李属我国约产57种，常见的还有鼠李（*Rh. davurica*）、锐齿鼠李（*Rh. arguta*）等。

酸 枣

Ziziphus jujuba var. *spinosa*

鼠李科 枣属

花

植株

落叶灌木；小枝呈弯曲“之”字形，具刺；叶互生，卵形或椭圆形，3出脉，托叶刺状；聚伞花序；花瓣5枚，黄绿色，基部具爪，花盘圆形；雄蕊5枚，与花瓣对生；核果近球形，成熟时红褐色，味酸。酸枣种子以酸枣仁入药，果实富含维生素C，可制食品，花芳香，为重要的蜜源植物；分布于华北、西北、华中、华东及辽宁、四川等省区。

葡萄科
Vitaceae

葎叶蛇葡萄

Ampelopsis humulifolia

葡萄科 蛇葡萄属

木质藤本；具皮孔，枝髓白色；卷须与叶对生，分叉；叶互生，心状五角形，3~5中裂或近于深裂；聚伞花序，与叶对生；萼片合生；花瓣5，淡黄绿色；雄蕊5枚，与花瓣对生；浆果近球形，淡黄色至蓝紫色。葎叶蛇葡萄根皮入药，分布于东北、华北、华东及青海、陕西等省区。

蛇葡萄属我国产17种，常见的还有蛇葡萄（*A. brevipedunculata*）、白蔹（*A. japonica*）等。

植株

花

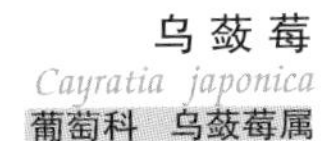

乌蔹莓

Cayratia japonica

葡萄科　乌蔹莓属

植株

草质藤本；卷须与叶对生；鸟足状复叶，互生，小叶5枚，中间小叶较大；聚伞花序；花瓣4枚，黄绿色；雄蕊4枚，与花瓣对生；浆果卵形，熟时黑色。乌蔹莓全草入药；分布于华北、华中、华东、华南、西南等省区。

葡萄科植物主要为藤本。常见的还有爬山虎（*Parthenocissus tricuspidata*）、崖爬藤（*Tetrastigma obtectum*）等。

植株

毛葡萄

Vitis heyneana

葡萄科　葡萄属

木质藤本；枝及花序轴被灰褐色或灰白色蛛丝状绒毛，枝髓褐色；卷须与叶对生，二叉分枝；叶互生，五角状卵形，密被绒毛；圆锥花序，花杂性异株；花瓣5，淡黄绿色，常呈帽状黏合脱落；雄蕊5枚，与花瓣对生，花药黄色；浆果球形，熟时紫黑色。毛葡萄又称五角叶葡萄，果实亦可食用；分布于华北、西北、华中、华东、华南、西南等省区。

葡萄属我国约产38种，常见的还有山葡萄（*V. amurensis*）、复叶葡萄（*V. piasezkii*）等。

杜英科

Elaeocarpaceae

杜英

Elaeocarpus decipiens

杜英科　杜英属

常绿乔木；叶互生，革质，披针形；总状花序，花下垂；花瓣5枚，白色，细裂至中部，裂片丝形；雄蕊多数，花药顶孔开裂；核果椭圆形。杜英种子可产油；分布于华中、华东、华南、西南等省区。

杜英属我国产38种，较为常见的还有华杜英（*E. chinensis*）、山杜英（*E. sylvestris*）等；杜英科亦含有猴欢喜（*Sloanea sinensis*）等。

植株

椴树科
Tiliaceae

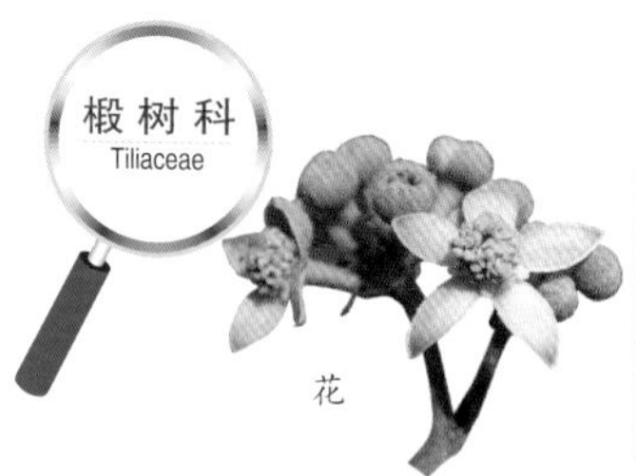
花

孩儿拳头
Grewia biloba var. *parviflora*
椴树科　扁担杆属

果期植株

落叶灌木；小枝或叶柄密生黄褐色毛；叶互生，菱状卵形，边缘有重锯齿，两面被星状短柔毛；聚伞花序，与叶对生；花瓣5枚，淡黄色；雄蕊多数；核果球形，红色。孩儿拳头又称小叶扁担杆，分布于东北、华北、华东、华中、西南、华南等省区。

扁担杆属我国产26种；椴树科亦含有假黄麻（*Corchorus acutangulus*）、田麻（*Corchoropsis tomentosa*）等草本及亚灌木种类。

糠椴
Tilia mandshurica
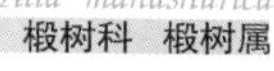
椴树科　椴树属

植株

落叶乔木；叶互生，卵形，基部偏斜，背面密被白色星状毛；聚伞花序，常下垂，花序柄与舌状大苞片合生，花有香气；花瓣5枚，黄色；雄蕊多数，合生成5束；核果球形，外面密被黄褐色绒毛。糠椴又名辽椴、大叶椴，分布于东北、华北及华东部分省区。

椴树属我国产32种，常见的还有北方的蒙椴及南方的椴树（*T. tuan*）、华椴（*T. chinensis*）等。

蒙椴
Tilia mongolica
椴树科　椴树属

落叶小乔木；叶互生，卵心形，常3浅裂，基部偏斜；聚伞花序，花序柄与舌状大苞片合生，花有香气；花瓣5枚，黄色；雄蕊多数，合生成5束；核果近圆形，外被绒毛。蒙椴又名小叶椴，为良好建筑用材；分布于华北、华中及辽宁、内蒙古、陕西等省区。

植株

苘麻

Abutilon theophrasti

锦葵科　苘麻属

一年生草本，亚灌木状；茎枝被柔毛；叶互生，圆心形；花单生于叶腋；花萼杯状，被毛，5裂；花瓣5枚，黄色；雄蕊多数，花丝结合成单体雄蕊；蒴果，由多个分果瓣组成，顶端有2长芒。苘麻为纤维植物；分布于南北各省区。

苘麻属植物我国产9种，南方常见的还有磨盘草（*A. indicum*）。

花

果实

植株

木槿

Hibiscus syriacus

锦葵科　木槿属

花

落叶灌木；小枝密被星状绒毛；叶互生，菱状卵形，具3主脉，常3裂；花单生；萼片5裂，副萼小；花冠钟形，淡紫色、紫红色或白色，花瓣5枚，具有皱褶；雄蕊多数，花丝结合成单体雄蕊；蒴果卵圆形，萼片宿存。木槿为常见观赏花卉，具有各种花色及重瓣品种；原产于我国中部各省区，现南北广泛栽培。

木槿属我国约24种，常见的还有木芙蓉（*H.mutabilis*）、朱槿（*H.sora-sinensis*）等。

野西瓜苗

Hibiscus trionum

锦葵科　木槿属

花

植株

一年生草本；茎柔软，被星状粗毛；叶互生，掌状3～5深裂，裂片又羽状分裂；花单生叶腋，午前开放；花萼钟形，5裂，具纵向紫色条纹；副萼多数，线形；花淡黄色，内面基部紫色；蒴果矩圆状球形，被粗毛，果瓣5。野西瓜苗可入药；分布于南北各省区。

植株

野葵

Malva verticillata

锦葵科 锦葵属

二年生草本；叶互生，近圆形，5~7掌状裂；花单生，或数朵簇生于叶腋；萼片连合，5裂，基部有3片副萼；花瓣5枚，浅红色至淡白色；单体雄蕊；蒴果，由多个分果瓣组成，分果瓣扁。野葵可入药；分布于南北各省区。

锦葵属我国约产4种，常见的还有锦葵（*M. sinensis*）、圆叶锦葵（*M. rotundifolia*）。

地桃花

Urena lobata

锦葵科 梵天花属

植株

亚灌木状草本；小枝被星状绒毛；叶互生，圆形至披针形，先端常3浅裂，两面被毛；花单生或近簇生叶腋；花萼杯状，5裂，具副萼；花瓣5枚，淡红色；单体雄蕊；蒴果由多个分果瓣组成，分果瓣扁球形，被星状毛和锚状刺。地桃花又称肖梵天花，可作纤维植物；分布于长江以南各省区。

锦葵科植物常见的还包括蜀葵（*Althaea rosea*）、陆地棉（*Gossypium hirsutum*）等。

梧桐科 Sterculiaceae

花

植株

梧桐

Firmiana plantanifolia

梧桐科 梧桐属

落叶乔木；树皮青绿色；叶互生，心形，掌状3~5裂；圆锥花序；花萼钟形，5深裂，花瓣状，淡黄绿色；无花瓣；雄蕊多数，连合成柱状；蓇葖果叶状，5枚。梧桐又名青桐，可作行道树，木材用制乐器，木材刨片可浸出黏液，用于润发；分布于华北、华中、华东、西南、华南等省区。

山芝麻

Helicteres angustifolia

梧桐科　山芝麻属

落叶小灌木；小枝被短柔毛；叶互生，矩圆状披针形，下面具星状毛；聚伞花序；花梗具4枚小苞片；花萼管状，5裂，被星状毛；花瓣5片，不等大，淡紫红色；雄蕊10枚，其中5枚退化；蒴果卵状矩圆形，密被星状毛及长绒毛。山芝麻的根可入药；分布于华中、华南、西南等省区。

果实

马松子

Melochia corchorifolia

梧桐科　马松子属

花

植株

半灌木状草本；植株散生星状柔毛；叶互生，卵形至三角状披针形；头状花序；花萼钟状，5浅裂，外面被毛；花瓣5枚，白色或淡紫色；雄蕊5枚，花丝结合成管状；蒴果近球形。马松子茎皮纤维可制麻布；分布于长江以南各省区。

猕猴桃科
Actinidiaceae

中华弥猴桃

Actinidia chinensis

猕猴桃科　猕猴桃属

落叶木质藤本；茎髓白色，片状；叶互生，卵圆形，边缘有刺毛状齿；聚伞花序1~3朵花；花瓣常5枚，开时白色，后变黄色；雄蕊多数，花药黄色；浆果卵圆形，密生棕色长毛。中华猕猴桃果实富含维生素，营养价值较高，可供食用；分布于长江流域以南及陕西、河南等省区。

猕猴桃属我国产52种，常见的还有多花猕猴桃（*A. latifolia*）、软枣猕猴桃（*A. arguta*）等。

果实

山茶科
Theaceae

花

山茶
Camellia japonica
山茶科　山茶属

常绿灌木或小乔木；叶互生，椭圆形，革质；花单生；苞片及萼片约10枚，逐渐过渡；花瓣红色，6~7枚；雄蕊多数，外轮雄蕊的花丝下部与花瓣基部合生；花柱先端3裂；蒴果圆球形。山茶又称茶花，可供观赏，品种繁多，亦可榨油；野生种分布于四川、山东、江西、台湾等省，各地广泛栽培。

山茶属为山茶科最大的属，我国产238种，常见的有著名的金花茶（*C.chrysantha*）等。

花期植株

果期植株

油茶
Camellia oleifera
山茶科　山茶属

常绿灌木或小乔木；嫩枝被粗毛；叶互生，椭圆形，革质；花单生；苞片及萼片约10枚，由外向内逐渐增大；花瓣白色，5~7枚，先端凹缺或2裂；雄蕊多数；花柱先端3裂；蒴果球形。油茶为油料作物，亦可作防火林带树种；分布于华中、华东、华南、西南各省区。

茶
Camellia sinensis
山茶科　山茶属

果实

花

常绿灌木或小乔木；叶互生，长椭圆形，革质；花单生，或1~2朵腋生；萼片5枚；花瓣白色，5~6枚；雄蕊多数，基部连生；花柱先端3裂；蒴果球形。茶的幼叶和嫩芽可制茶叶，根入药，种子可产油；分布于华中、华东、华南、西南等省区，亦广泛栽培。

细齿叶柃

Eurya nitida

山茶科 柃木属

常绿灌木或小乔木；叶互生，排成二列，椭圆形至长圆形；花单性，雌雄异株，簇生于叶腋；雄花花瓣5枚，白色，雄蕊多数；雌花花瓣5枚，白色，花柱顶端3浅裂。浆果圆球形，成熟时蓝黑色。细齿叶柃是优良的蜜源植物；分布于长江流域及其以南地区。

柃木属是山茶科的大属之一，我国有81种，常见的种类还包括细枝柃（*E. loquiana*）、翅柃（*E. alata*）等。

雄株花期

果实

藤黄科
Guttiferae

红旱莲

Hypericum ascyron

藤黄科 金丝桃属

多年生草本；茎稍四棱形；叶对生，卵状披针形，基部抱茎，具透明腺点；聚伞花序；花瓣5，黄色，呈“万”字形旋转；雄蕊多数，聚为5束；花柱5枚；蒴果卵圆形。红旱莲又叫黄海棠、金丝蝴蝶，全草入药；分布于南北大部分省区。

金丝桃属我国约产55种，常见的还有金丝桃（*H. chinense*）等；藤黄科还包括木本类群如多花山竹子（*Garcinia multiflora*）、苦丁茶（*Cratoxylum prunifolium*）等。

植株

地耳草

Hyperieum japonicum

藤黄科 金丝桃属

一年生小草本；茎纤细，具四棱，基部节处生根；叶对生，卵形至长圆形，基部心形包茎，具透明腺点；花单生或聚伞花序；花瓣5枚，白色、淡黄色至橙黄色；雄蕊多数，不成束；花柱3枚；蒴果矩圆形。地耳草全草入药，可清热解毒；分布于长江流域及其以南各省区。

花

柽柳科 Tamaricaceae

柽柳
Tamarix chinensis
柽柳科 柽柳属

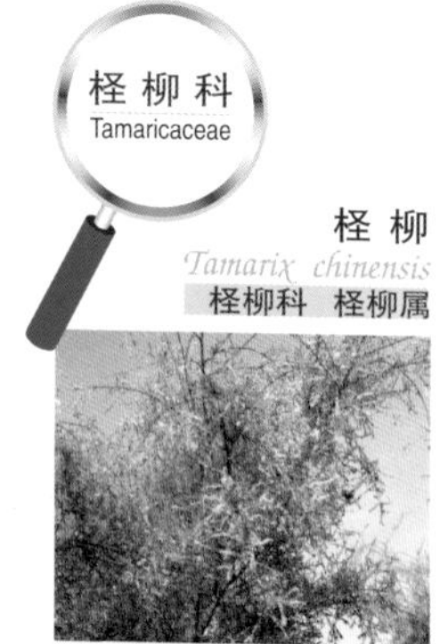
植株

花序

落叶灌木或小乔木；老枝紫红色；叶互生，淡蓝绿色，披针形，鳞片状，基部成鞘抱茎；总状花序，常组成圆锥状；花瓣5，粉红色；雄蕊5枚；蒴果圆锥形。柽柳嫩枝叶入药，称西河柳，分布于华北、西北、华中、华东、华南、西南等省区，常生于盐碱土上。

柽柳属我国约产18种；柽柳科还包括琵琶柴(*Reaumuria soongorica*)、水柏枝(*Myricaria germanica*)等种类。

堇菜科 Violaceae

鸡腿堇菜
Viola acuminata
堇菜科 堇菜属

多年生草本；茎直立；叶互生，心形至卵形；托叶大，羽状深裂；花冠白色或淡紫色，两侧对称，花瓣5枚，下瓣大、具紫色脉纹，具距，其余4瓣成不相似2对，侧瓣基部有长须毛；蒴果椭圆形。鸡腿堇菜全草入药；分布于东北、华北、华东及西北、华中部分省区。

堇菜属是堇菜科中最大的属，我国约有111种。

植株

花

多年生草本；叶基生，或在茎上互生，常肾形；花冠黄色，两侧对称，花瓣5枚，下瓣大、具褐色脉纹，具距，其余4瓣成不相似2对，无须毛；蒴果长卵形。双花黄堇菜可入药；分布于东北、华北、西北及华中、华东、西南部分省区。

双花黄堇菜
Viola biflora
堇菜科 堇菜属

花

植株

七星莲

Viola diffusa

堇菜科　堇菜属

花

一年生草本；全株被糙毛或白色柔毛；匍匐枝先端具莲座状叶丛，常生不定根；叶基生叶，或于匍匐茎上互生，卵状长圆形，叶柄具明显的翅；花冠淡紫色或浅黄色，两侧对称，花瓣5枚，下瓣大，具距，其余4瓣成不相似2对，无须毛；蒴果长圆形，花柱常宿存。七星莲又称蔓茎堇菜，全草入药；分布于长江流域以南各省区。

植株

早开堇菜

Viola prionantha

堇菜科　堇菜属

果实

多年生草本；无地上茎；叶基生，长圆状卵形至卵状披针形，叶基稍下延；花冠淡紫色或堇紫色，喉部具紫色条纹，两侧对称，花瓣5枚，下瓣大，具距，其余4瓣成不相似2对，略有须毛；蒴果长椭圆形。早开堇菜全草入药；分布于东北、华北、西北、华中、华东等省区。

植株

秋海棠科

Begoniaceae

中华秋海棠

Begonia sinensis

秋海棠科　秋海棠属

多年生草本；植株光滑，具块根；叶互生，斜卵形，常具尾尖，基部偏斜；聚伞花序，花单性，雌雄同株；雄花花被片4枚，其中2枚花瓣状，雄蕊多数；雌花花被片5枚；蒴果具3翅。中华秋海棠可入药；分布于长江流域及河北、山西、陕西等省区。

秋海棠科我国仅此1属，含130余种，常见的还有秋海棠（*B. evansiana*）、裂叶秋海棠（*B. laciniata*）等。

花

植株

瑞香科 Thymeleaceae

芫花

Daphne genkwa

瑞香科 瑞香属

落叶灌木；叶常对生，卵状披针形；花簇生于叶腋，常先叶开放；花萼合生成细筒状，淡紫色或紫色，顶端4裂；花瓣缺失；雄蕊8枚，排成2轮，分别位于萼筒上部和中部；浆果肉质，包于宿存萼筒下部。芫花可入药，根可毒鱼，全株可作杀虫剂；分布于华北、华中、华东、西南及陕西、甘肃、福建等省区。

瑞香属我国有44种，常见的还有黄瑞香（*D. giraldii*）、毛瑞香（*D. odora* var. *atrocaulis*）等种类。

植株

结香

Edgeworthia chrysantha

瑞香科 结香属

落叶灌木；茎枝极具韧性；叶互生，披针形，在花期前凋落；头状花序，具多数花，呈绒球状；花萼合生成筒状，顶端4裂，黄色，外面密被白色丝状毛；花瓣缺；雄蕊8枚，排成2列；核果卵形。结香全株入药，亦可栽培供观赏；分布于长江流域以南及河南、陕西等省区。

花序

狼毒

Stellera chamaejasme

瑞香科 狼毒属

多年生草本；茎丛生；叶常互生，长圆状披针形；头状花序；花萼合生成细筒，基部略膨大，先端5裂，黄色、白色或带淡红色；雄蕊10枚，排成2轮；小坚果圆锥形，藏于花萼筒内。狼毒根入药，亦可作杀虫剂；分布于东北、华北、西北、西南及华中、华东部分省区。

植株

河朔荛花

Wikstroemia chamaedaphne

瑞香科 荛花属

花

植株

落叶灌木；叶对生或近对生，长圆状披针形，近革质；穗状花序或圆锥花序；花萼合生成筒状，先端4裂，黄色，被绢毛；花瓣缺失；雄蕊8枚，排成2轮；核果卵形。河朔荛花又称野瑞香，植株有毒，可驱虫；分布于华北、西北、华中、华东等省区。

荛花属我国约产44种，南方常见的还有了哥王（*W. indica*）等种类。

胡颓子科 Elaeagnaceae

胡颓子

Elaeagnus pungens

胡颓子科 胡颓子属

植株

常绿灌木；小枝具棘刺，密被锈色鳞片；叶互生，椭圆形，革质，下面密被银白色鳞片；花1～3朵簇生于小枝，下垂，芳香；花冠白色，下部合生成管，上部4裂，密被鳞片；雄蕊4枚；坚果椭圆形，熟时红色。胡颓子可入药，果实可供食用；分布于长江流域以南各省区。

胡颓子属我国约产55种，常见的还有沙枣（*E. angustifolia*）、蔓胡颓子（*E. glabra*）等；胡颓子科的常见种还包括沙棘（*Hippophae rhmnoides*）。

千屈菜科 Lythraceae

紫薇

Lagerstroemia indica

千屈菜科 紫薇属

落叶灌木或小乔木；树皮平滑；叶互生或有时对生，卵圆形；圆锥花序；花瓣6，淡红色、紫色或白色，皱缩，具长爪；雄蕊多数，其中6枚很长；蒴果球形。紫薇又称痒痒树，广泛栽培供观赏；分布于华北、华中、华东、华南、西南等省区，野生或栽培。

紫薇属我国有18种，常见种还有南紫薇（*L. subcostata*）。千屈菜科常见的草本种类还有水苋菜（*Ammannia baccifera*）、节节菜（*Rotala indica*）等。

花

植株

花序

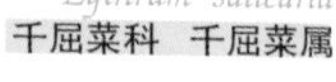

千屈菜

Lythrum salicaria

千屈菜科　千屈菜属

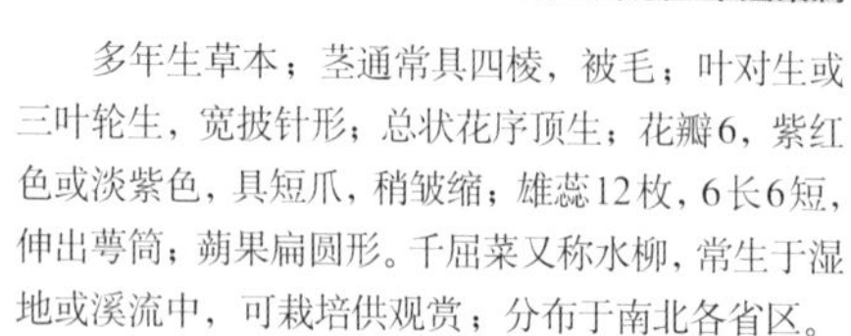

多年生草本；茎通常具四棱，被毛；叶对生或三叶轮生，宽披针形；总状花序顶生；花瓣6，紫红色或淡紫色，具短爪，稍皱缩；雄蕊12枚，6长6短，伸出萼筒；蒴果扁圆形。千屈菜又称水柳，常生于湿地或溪流中，可栽培供观赏；分布于南北各省区。

喜树

Camptotheca acuminata

蓝果树科　喜树属

落叶乔木；叶互生，长卵形；头状花序近球形，花杂性，雌雄同株；花瓣5枚，淡绿色；雄蕊10枚，排成2轮，外轮5枚较长；翅果矩圆形，顶端有宿存花柱。喜树又称旱莲木，可作行道树；分布于华中、华东、华南、西南等省区。

喜树属仅此1种，我国特产；蓝果树科亦包括蓝果树(*Nyssa sinensis*)、珙桐 (*Davidia involucrata*) 等种类。

果实

植株

八角枫

Alangium chinense

八角枫科　八角枫属

植株

落叶乔木或灌木；叶互生，圆形、椭圆形或卵形，基部两侧常不对称；聚伞花序；花冠圆筒形，初为白色，后变黄色，花瓣6~8枚，基部黏合，上部反卷；雄蕊6~8枚；核果卵圆形。八角枫又称华瓜木，根入药为白龙须，茎入药为白龙条；分布于华中、华东、华南、西南等省区。

八角枫科仅八角枫属1属，我国产9种，常见的还有瓜木 (*A. platanifolium*)、毛八角枫(*A. kurzii*)等种类。

桃金娘植株

桃金娘

Rhodomyrtus tomentosa

桃金娘科　桃金娘属

常绿灌木；嫩枝有灰白色柔毛；叶对生，椭圆形，革质，离基三出脉；花常单生，有长梗；花瓣5枚，紫红色；雄蕊多数，红色；浆果卵状壶形。桃金娘又称岗棯，可栽培供观赏；分布于华南、西南及湖南、福建、台湾等省区。

桃金娘属我国仅有1种。

蒲桃

Syzygium jambos

桃金娘科　蒲桃属

常绿乔木；叶对生，长圆状披针形，革质，具透明小腺点；聚伞花序；萼筒倒圆锥形，萼齿4；花瓣4，白色；雄蕊多数，花丝长；浆果，核果状，球形，有油腺点。蒲桃果实可食用，亦为良好防风固沙植物；分布于华南、西南等省区。

蒲桃属我国约有72种，常见的还有赤楠（*S. buxifolium*）等种类。

蒲桃花

野牡丹科
Melastomataceae

地菍

Melastoma dodecandrum

野牡丹科　野牡丹属

花

落叶小灌木；茎匍匐上升，逐节生根；叶对生，卵形或椭圆形，侧脉平行；聚伞花序；花萼管状，先端5裂，被糙伏毛；花瓣5，紫红色；雄蕊10枚，5枚长雄蕊花药延伸、弯曲，另5枚雄蕊短；蒴果坛状球形，肉质，为宿存花萼所包。地菍全株入药，果实亦可食用；分布于长江以南大部分省区。

野牡丹属我国产9种，较为常见的还有展毛野牡丹（*M. normale*）；野牡丹科分布于我国长江以南，常见的亦包括锦香草（*Phyllagathis cavaleriei*）、肉穗草（*Sarcopyramis delicata*）等。

花

朝天罐

Osbeckia opipara

野牡丹科 金锦香属

落叶灌木；茎四棱或六棱，被毛；叶对生，或有时三枚轮生，卵状披针形，两面被粗毛，具透明腺点；聚伞花序组成圆锥花序；萼筒4裂，具刺毛状星状毛；花瓣4枚，深红色至紫色；雄蕊8枚，花药具长喙，药隔基部膨大；蒴果长卵圆形，为宿存花萼所包。朝天罐分布于长江流域以南各省区。

金锦香属我国产12种，常见的还有金锦香（*O. chinensis*）。

花

丘角菱

Trapa japonica

菱科 菱属

一年生浮水草本；叶二型，浮水叶互生，广菱形，叶柄中上部膨大成海绵质气囊，沉水叶早落；花单生；花瓣4枚，白色；雄蕊4枚，与花瓣交互对生；果实坚果状，在水中成熟，三角形或扁菱形，具2刺角、平展或斜伸。丘角菱果实富含淀粉，可供食用，茎叶可作饲料；分布于东北、华北、华中、华南、西南等省区。

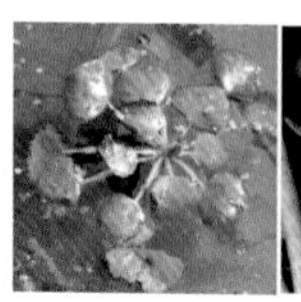

植株

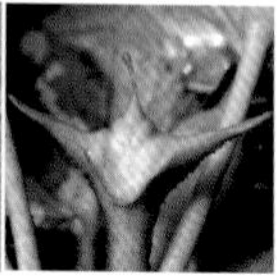

果实

柳叶菜科 Onagraceae

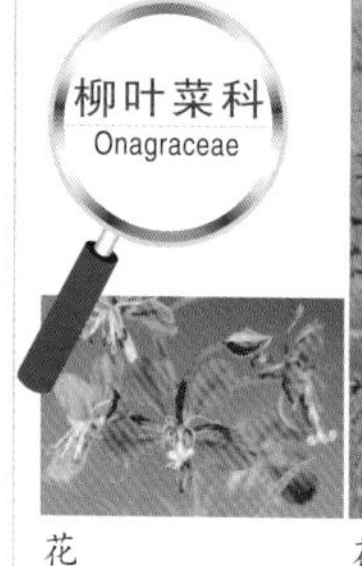

花

花序

柳兰

Chamaenerion angustifolium

柳叶菜科 柳兰属

多年生草本；叶螺旋状互生，披针形；总状花序；萼筒短，4深裂；花瓣4枚，粉红色或紫红色，稀白色，稍不等大；雄蕊8枚；柱头4裂；蒴果圆柱状，密被贴生柔毛；种子顶端具簇毛。柳兰根状茎可入药，亦为重要的蜜源植物与火烧后的先锋植物；分布于东北、华北、西北、西南等省区。

柳兰属我国约4种，亦有人将其归入柳叶菜属。

心叶露珠草

Circaea cordata

柳叶菜科　露珠草属

多年生草本；枝密生绒毛；叶对生，心形或广卵形；总状花序；花萼及花冠下部合生成花管，先端2裂，被毛；花瓣2枚，白色；雄蕊2枚，伸展；花柱细，伸出花冠外；果近球形，密生倒钩状毛。心叶露珠草又称牛泷草，分布于除华南外各省区。

露珠草属我国约产7种，常见的还有南方露珠草（*C. mollis*）、高山露珠草（*C. alpina*）等。

植株

柳叶菜

Epilobium hirsutum

柳叶菜科　柳叶菜属

花　　植株

多年生草本；茎常被长柔毛；叶对生，在茎上部常互生，披针状椭圆形，两面被长柔毛；总状花序；萼筒先端4裂；花瓣4枚，紫红色；雄蕊8枚，排成2轮，外轮花丝较长；柱头4深裂；蒴果圆柱形；种子顶端具簇毛。柳叶菜可入药；常见于沟边、湿地，分布于南北大部分省区。

柳叶菜属我国约产33种，常见的还有毛脉柳叶菜（*E. amurense*）、小花柳叶菜（*E. parviflorum*）等。

毛草龙

Ludwigia octovalvis

柳叶菜科　丁香蓼属

多年生草本；茎常被粗毛；叶互生，披针形，两面被毛；花常单生于叶腋；萼筒先端4裂，被粗毛；花瓣4枚，黄色；雄蕊8枚；蒴果圆柱状，具棱，绿色至紫红色，成熟时开裂。毛草龙见于田边、池塘等湿润处，分布于华中、华东、华南、西南各省区。

丁香蓼属我国产9种，常见的还有丁香蓼（*L. prostrata*）、水龙（*L. repens*）等。

植株

花

杉叶藻

Hippuris vulgaris

杉叶藻科 杉叶藻属

多年生水生草本；根状茎匍匐，生于泥中，植株上部露出水面；叶6～12枚轮

植株

生，线形；花单生叶腋，无柄，常两性；花萼与子房合生，无花瓣；雄蕊1枚，生于子房上；核果狭长圆形，雄蕊及花柱宿存。杉叶藻生于沼泽、池塘等浅水中，分布于东北、华北、西北、西南及西藏、台湾等省区。

杉叶藻科仅含1属，我国产2种。

植株

刺五加

Acanthopanax senticosus

五加科 五加属

花序

落叶灌木；幼枝密生刺，刺针状；掌状复叶互生，小叶5枚，叶柄常疏生细刺；伞形花序；花瓣5枚，紫黄色；雄蕊5枚；核果球形，黑色，花柱宿存。刺五加根可代五加皮入药；分布于东北、华北部分省区。

五加属我国产26种，常见的还有五加（*A. gracilistylus*）、白簕（*A. trifoliatus*）等。

楤木

Aralia chinensis

五加科 楤木属

果实

落叶小乔木或灌木；茎疏生直刺；2～3回奇数羽状复叶，互生，小叶对生；圆锥花序，密被柔毛；花瓣5枚，白色，芳香；雄蕊5枚；核果球形，黑色，花柱宿存。楤木又名虎阳刺、鸟不宿，可入药；分布于华北、华中、华东、华南、西南等省区。

楤木属我国产30种，较为常见的还有东北土当归（*A. continentalis*）、辽东楤木（*A. elata*）等。

植株

花序

树参

Dendropanax dentiger

五加科 树参属

果实

常绿乔木；叶互生，椭圆形，有时2～3裂，革质，基脉3出，密被半透明腺点；伞形花序；花瓣5枚，淡绿白色；雄蕊5枚；核果长圆状球形，花柱宿存。树参可入药，亦可栽培供观赏；分布于华中、华东、华南、西南各省区。

刺楸

Kalopanax septemlobus

五加科 刺楸属

落叶乔木；树皮有粗大硬刺；叶互生，掌状5～7裂；伞状花序，组成圆锥状；花瓣5枚，白色或淡绿色；雄蕊5枚；果实近球形，浆果状，蓝黑色，花柱宿存。刺楸可入药，亦可产木材；分布于东北、华北、华中、华东、华南、西南等省区。

刺楸属是世界单种属，仅此1种。

果实

植株

常春藤

Hedera nepalensis var. *sinensis*

五加科 常春藤属

常绿木质藤本；茎具攀援气根；叶互生，在营养枝上为戟形，全缘或3裂，在花枝上椭圆状披针形；伞形花序；花瓣5枚，淡黄白色，芳香；果球形，浆果状，红色或黄色，花柱宿存。常春藤全株入药；分布于华中、华东、华南、西南等省区。

花

植株

植株

果实

白芷

Angelica dahurica

伞形科 当归属

多年生草本，高大；茎中空，带紫色；叶互生，宽卵状三角形，2~3回羽状分裂；复伞形花序，花序梗、伞辐、花梗均有糙毛；花瓣5枚，白色，先端凹头状；双悬果长圆形，侧棱宽翅状。白芷根可入药；分布于东北、华北各省区，北方多有栽培。

当归属我国产26种，常见的还有拐芹当归（*A. polymorpha*）等。

北柴胡

Bupleurum chinense

伞形科 柴胡属

花序

植株

多年生草本；茎上部多分枝，常呈“之”字形弯曲；基生狭椭圆形，茎生叶互生，披针形，叶脉平行；复伞形花序，多呈圆锥状；小总苞片5枚，披针形；花瓣5枚，黄色；双悬果椭圆形，两侧压扁。北柴胡可入药；分布于东北、华北、西北、华中、华东等省区。

柴胡属具平行脉、花黄色容易识别，我国约产36种。

蛇床

Cnidium monnieri

伞形科 蛇床属

一年生草本；叶互生，卵形或三角状卵形，2~3回羽裂；复伞形花序；花瓣5枚，白色；双悬果长圆形，横剖面近五边形，五棱均成宽翅。蛇床果实以蛇床子入药；分布于东北、华北、西北、华中、华东、西南等省区。

植株

短毛独活

Heracleum moellendorffii

伞形科 独活属

植株

多年生草本；全株有柔毛；羽状复叶互生，小叶3～5枚，叶柄基部扩大成鞘状；复伞形花序；花瓣5枚，白色，边缘花具辐射瓣；双悬果椭圆形，背腹极压扁。短毛独活又称东北牛防风，根可入药；分布于东北、华北、西北、华中、华东、华南部分省区。

水芹

Oenanthe javanica

伞形科 水芹属

植株

多年生草本；叶互生，三角形，1～2回羽裂；复伞形花序；花瓣5枚，白色；雄蕊5枚；双悬果椭圆形，果棱肥厚。水芹全草入药，嫩茎叶亦可食用；多见于浅水低洼地或沼泽、水沟旁，分布于南北各省区。

水芹属易与毒芹属混淆，区别在于后者根茎肥大，中空而具横隔，小伞形花序球形，心皮柄2裂。

小窃衣

Torilis japonica

伞形科 窃衣属

花序

果实

一年生或多年生草本；茎有纵条纹及刺毛；叶互生，长卵形，1～2回羽状分裂，下部具叶鞘；复伞形花序，花序梗有倒生的刺毛；花瓣5枚，白色、紫红色或蓝紫色；双悬果卵圆形，常具皮刺。小窃衣又称破子草，可入药；除黑龙江、内蒙古及新疆外，全国各地均有分布。

窃衣属我国产2种，另一种为窃衣（*T. scabra*），亦常见。

山茱萸科
Cornaceae

山茱萸
Cornus officinallis
山茱萸科 山茱萸属

果实

花序

植株

落叶乔木或灌木；叶对生，纸质，披针形至卵形；伞形花序，花先叶开放；总苞片4枚；花瓣4枚，黄色，外向反卷；雄蕊4枚；核果长圆形，成熟时红色。山茱萸果实入药称萸肉；分布于华中、华东、西南及山西、陕西、甘肃等省区。

山茱萸属我国产2种；山茱萸科常见的还有灯台树（*Bothrocaryum controversum*）、青荚叶（*Helwingia japonica*）等。

四照花
Dendrobenthamia japonica var. *chinensis*
山茱萸科 四照花属

落叶小乔木；叶对生，纸质，卵状椭圆形；头状花序，圆球形，花小；总苞片4枚，白色；聚合状核果，果序球形，成熟时红色。四照花果实可食用；分布于华中、华东、西南及山西、陕西、甘肃、内蒙古等省区。

四照花属我国产10种，较为常见的还有香港四照花（*D. hongkongensis*）。

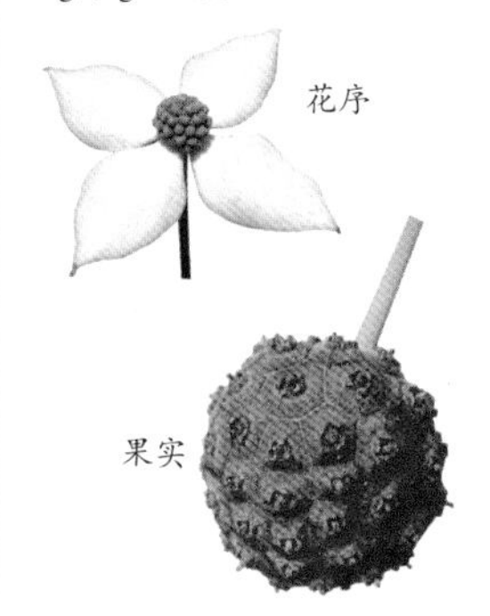

花序

果实

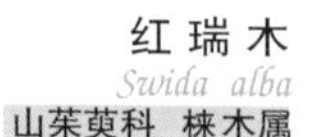

花序

红瑞木
Swida alba
山茱萸科 梾木属

落叶乔木；树皮紫红色；叶对生，纸质，椭圆形，具弧形脉；伞房状聚伞花序；花瓣4枚，白色或淡黄白色；雄蕊4枚；核果长圆形，白色或蓝白色，花柱宿存。红瑞木种子可提取工业油，亦为庭园观赏植物；分布于华北、华中、华东、西南及陕西、甘肃等省区。

梾木属我国约产25种，常见的还有沙梾（*S. bretscheideri*）、毛梾（*S. walteri*）等。

鹿蹄草科
Pyrolaceae

鹿蹄草

Pyrola calliantha

鹿蹄草科 鹿蹄草属

常绿草本状小半灌木；叶基生，革质，椭圆形或圆卵形；总状花序；花瓣5枚，白色或稍带淡红；花柱单生，伸出花冠；蒴果扁球形，下垂。鹿蹄草也叫鹿安茶或鹿含草，全株可供药用；分布于华北、华东、西南等省区，生于山地林下。

鹿蹄草属为北温带分布类型，我国有20余种。

花序

植株

杜鹃花科
Erieaceae

半常绿灌木；叶密集生于枝顶，革质，叶背生有鳞片，干时呈铁锈色；总状花序顶生；花小，乳白色，花冠钟状，5裂；雄蕊10枚，花柱比雄蕊短；蒴果长圆形。照山白全株有剧毒，幼叶毒更烈；分布于东北、华北、西北，以及湖南、湖北、四川等省区。

杜鹃花属是杜鹃花科中最大的属，我国产500余种，集中分布于西南、华南，本属植物在园艺学上占有重要的位置。

照山白

Rhododendron micranthum

杜鹃花科 杜鹃花属

花枝

植株

迎红杜鹃

Rhododendron mucronulatum

杜鹃花科 杜鹃花属

花

落叶灌木；叶散生，质薄，椭圆形至长圆型，背面有鳞片；花淡紫色，先叶开放，花冠漏斗状；雄蕊10枚不等长；蒴果圆柱形。迎红杜鹃又叫蓝荆子，植株矮小，花冠美丽，可以作为园林绿化树种；分布于东北、华北及山东、江苏北部。

植株

映山红

Rhododendron simsii

杜鹃花科　杜鹃花属

落叶灌木，枝条、苞片、花柄及花萼均有棕褐色扁平的糙伏毛；叶革质，卵形；花簇生于枝顶；花冠阔漏斗形，5裂，鲜红色或深红色；蒴果卵圆形。映山红即为杜鹃花，又称照山红，是酸性土壤的指示植物，全株可供药用，又具较高观赏价值；广布于长江流域各省，东至台湾、西南达四川、云南。

红莓苔子

Vaccinium oxycoccos

杜鹃花科　越橘属

常绿半灌木，有细长匍匐的走茎；叶片革质，长圆形或卵形，背面带灰白色，叶脉不明显；花生枝顶，花序近伞形；花冠淡红色，未开放时筒状，开放后4深裂，裂片外折；浆果球形，红色。红莓苔子的果可以食用，我国分布于吉林省长白山及新疆阿勒泰地区，生于林下苔藓群落中。

我国已知越橘属植物近百种，南北均产。

植株

紫金牛科

Myrsinaceae

朱砂根

Ardisia crenata

紫金牛科　紫金牛属

灌木；叶互生，革质或坚纸质，边缘波状或皱波状，有明显的边缘腺点，两面无毛；花序伞形或聚伞形，生于侧枝上；萼片、花冠裂片、花药背部均有腺点；核果球形，成熟时鲜红色。朱砂根是常用中草药，果实可食，亦可榨油制作肥皂，全株供观赏，有很多园艺品种；分布于长江流域以南各省。

紫金牛科除紫金牛属外，常见有杜荆山属（*Maesa*）和酸藤子属（*Embelia*）。

果实

九节龙

Ardisia pusilla

紫金牛科 紫金牛属

小灌木，蔓生，有匍匐茎，节部生根；叶对生或近轮生，叶片坚纸质，边缘有齿，具疏腺点，叶面被糙伏毛；伞形花序，单一，侧生，被毛；花萼与花瓣近等长，花瓣白色或微带红色，5枚；核果球形，红色。九节龙全草入药；分布于华南及四川、贵州、湖南、江西等省。

花

果期植株

报春花科 Primulaceae

点地梅

Androsace umbellata

报春花科 点地梅属

植株　　花序

一年生或二年生草本，全株被柔毛；叶基生；数条花莛各自从基部抽出，伞形花序，有花4～15朵；花冠白色，5裂，下部合生成筒，雄蕊藏于筒中贴生，喉部黄色；蒴果近球形。点地梅又叫喉咙草，全草可入药；分布于东北、华北、华中、四川、广东等省，是早春极常见的小草。

点地梅属我国产70余种，多数种类见于四川、云南、西藏等高海拔地区。

京报春

Cortusa matthioli ssp. *pekinensis*

报春花科 假报春属

多年生草本；叶基生，有长柄，叶片圆心形或肾形，掌状中裂；花莛直立，高出叶丛1倍，伞形花序；花冠钟形，紫红色，5裂；花柱伸出花冠外；蒴果圆筒形，顶端5瓣开裂。京报春常生于溪边、林缘及灌丛中，分布于东北、内蒙古、华北、西北等地。

京报春常被误认为报春花属的植物，区别点在于雄蕊着生于花冠管的基部，而后者雄蕊着生于花冠管的周围。

花

花序

海乳草

Glaux maritima

报春花科　海乳草属

多年生小草本，有时呈匍匐状；叶近于无柄，肉质；花小，单生于叶腋；花萼钟形，花瓣状，粉白色至粉红色，5裂至中部，无花瓣；雄蕊5枚；蒴果近球形。海乳草分布于东北、华北、西北及长江流域一带。

海乳草属仅此1种。

花

植株

狭叶珍珠菜

Lysimachia pentapetala

报春花科　珍珠菜属

花

花序

一年生草本；叶互生，狭披针形至线形；总状花序顶生；花冠白色，5深裂至基部；雄蕊5，与花瓣对生，花丝基部合生；蒴果球形。狭叶珍珠菜为路边荒地杂草，分布于东北、华北地区，及甘肃、陕西、湖北、安徽等省。

珍珠菜属主要分布于北温带及亚热带，我国约有130余种。

报春花

Primula malacoides

报春花科　报春花属

二年生草本，植株通常被粉；叶基生，莲座状；花莛从叶丛中抽出，伞形花序2～6轮，每轮具多朵花；花冠深红色、浅红色或近白色，高脚碟状，下部合生成筒，雄蕊藏于筒内；蒴果球形。报春花原产于云贵及广西，现在已广泛栽培于世界各地。

报春花属是报春花科中最大的属，我国有近300种，是知名的高山花卉。

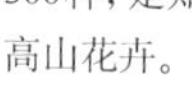

植株

胭脂花

Primula maximowiczii

报春花科 报春花属

多年生草本，全株光滑无毛；叶全为基生，叶基部下延成柄；花莛粗壮，伞形花序1～3轮，每轮有花数朵；花冠暗红色，5裂，下部合生成筒状，裂片常反卷；蒴果圆柱形。胭脂花花色艳丽，可引种栽培用于观赏；分布于东北、华北、西北部分省区，生于亚高山草甸上或山地林缘。

花序

植株

白花丹科
Plumbaginaceae

二色补血草

Limonium bicolor

白花丹科 补血草属

花　　花序

多年生草本；叶基生，莲座状；花莛自叶丛中抽出，由密集聚伞花序组成头状花序；花萼合生成筒状，初为粉红色，后变白色，花冠黄色，基部合生；雄蕊5，下部与花冠基部合生；蒴果包于宿存萼内。二色补血草由于花后不凋，可做干花，全草亦可入药；分布于东北、华北及黄河流域各省区，是盐碱地的指示植物。

补血草属多生于海岸和盐性草原地区。

柿树科
Ebenaceae

乌柿

Diospyros cathayensis

柿树科 柿树属

常绿或半常绿小乔木，多枝，有刺；单叶互生，薄革质，长圆状披针形，全缘，上面光亮；雌雄异株或杂性，雄花为聚伞花序，雌花单生，白色，芳香；浆果球形，嫩时绿色，熟时黄色、变无毛。乌柿又叫山柿子，根和果可以入药；分布于四川、湖北、云南、贵州、湖南、安徽等省，生于河谷、山地或山谷林中。

果实

柿树科在我国仅柿树属1属，约57种，南北均产。

果期植株

花

黑枣

Diospyros lotus

柿树科 柿树属

落叶乔木；树皮暗灰色，老时呈小方块状裂；雌雄异株或杂性，雄花于叶腋簇生，花萼钟形，4裂，被毛，花冠红色或淡黄色，常4裂，雄蕊每2枚连生成对；雌花单生，淡绿色或带红色；浆果近球形，熟后变黑色，可食用；果中含糖及维生素C，可提取供药用；分布于华北、中南及西南各地，辽宁、陕西也有分布。

山矾科

Symplocaceae

山矾

Symplocos sumuntia

山矾科 山矾属

常绿乔木；单叶互生，叶薄革质，边缘有锯齿；总状花序；花冠白色，5深裂，雄蕊多数，基部合生；核果熟时黄绿色，坛状，花萼宿存。山矾木材细致，为家具用材，花、叶和根皮可药用；分布于我国长江以南各省区。

山矾科仅有山矾属1属，中国有山矾属植物70余种。

植株

安息香科

Styracaceae

野茉莉

Styrax japonicus

安息香科 安息香属

落叶小乔木，嫩枝及叶有星状毛；叶互生，纸质或近革质；总状花序顶生，有时下部花单生于叶腋；花冠白色，5裂，被星状细柔毛；雄蕊10枚，花丝基部联合成管，贴生于花冠管上；核果卵圆形。野茉莉的种子含油，木材为细工用材，花美丽、芳香，可作庭园观赏，同时亦为保土植物；广布于华东、华中、华南及西南等地。

安息香属植物我国约30种。

果实

木犀科
Oleaceae

连翘

Forsythia suspensa

木犀科 连翘属

落叶灌木；小枝中空；单叶对生，有时当年生枝条上的叶3裂或3出复叶；花先叶开放，1～5朵生于叶腋；花冠钟状，黄色，4深裂，雄蕊2枚；蒴果长卵球形。连翘又叫黄寿丹，果皮药用，同时也是庭院观赏植物；原产于我国中部及北部，现除华南外其他各地均有栽培。

植株

小叶白蜡

Fraxinus bungeana

木犀科 梣属

植株

落叶小乔木或灌木；叶对生，奇数羽状复叶，小叶5～7枚；圆锥花序顶生；花冠白色至淡黄色，裂片线形；翅果狭长椭圆形。小叶白蜡又叫苦枥、秦皮，《淮南子》中称之为梣，树皮入药，称为秦皮；分布于华北及安徽、辽宁等省。

女贞

Ligustrum lucidum

木犀科 女贞属

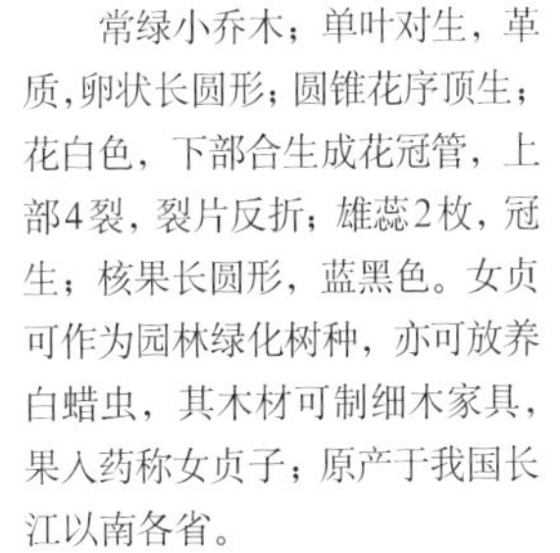

常绿小乔木；单叶对生，革质，卵状长圆形；圆锥花序顶生；花白色，下部合生成花冠管，上部4裂，裂片反折；雄蕊2枚，冠生；核果长圆形，蓝黑色。女贞可作为园林绿化树种，亦可放养白蜡虫，其木材可制细木家具，果入药称女贞子；原产于我国长江以南各省。

女贞属是我国常见的园林绿化植物，用作绿篱或行道树。

果实

毛叶丁香

Syringa pubescens

木犀科　丁香属

落叶灌木；小枝四棱形；单叶对生，椭圆状卵圆形，叶缘及背面叶脉被毛；圆锥花序直立，侧生；花冠紫色，有

植株

香气，下部合生成细长的花冠管，上部4裂；蒴果具瘤状突起。毛叶丁香又叫巧玲花，可栽培用于观赏；分布于华北及陕西东部。

我国是丁香属的分布中心，约有19种。

马钱科 Loganiaceae

醉鱼草

Buddleja lindleyana

马钱科　醉鱼草属

植株

花序

落叶灌木；小枝具四棱，棱上略有窄翅；叶对生，膜质，椭圆形至长圆状披针形；穗状聚伞花序顶生；花紫色，芳香，花冠合花冠管，弯曲，上部4裂；雄蕊4枚，生于花冠管下部；果序穗状，蒴果长圆形。醉鱼草又称闭鱼花，全株有小毒，花、叶、根均可入药，亦可用制农药；分布于华中、华南及云贵、四川等省。

醉鱼草属中的一些种类可供药用和观赏。

龙胆科 Gentianaceae

多年生草本；基生叶莲座状，茎生叶对生，长圆披针形；花多数，簇生于枝顶呈头状，或腋生呈轮状；花冠蓝紫色，上部5裂，具褶；雄蕊5枚，冠生；蒴果内藏或先端外露。大叶龙胆也称秦艽，根为常用中药；分布于东北、华北及西北部分省区。

龙胆属是龙胆科中最大的属，我国有247种。

大叶龙胆

Gentiana macrophylla

龙胆科　龙胆属

植株

笔龙胆

Gentiana zollingeri

龙胆科 龙胆属

植株

一年生草本，矮小；叶常密集，卵圆形，顶端具小突尖；花1至数朵，生于枝端；花冠蓝色，漏斗状钟形，5裂，裂片间有5褶；蒴果长圆形，外露。笔龙胆生于草甸、灌丛、林下，分布于东北、华北、华中部分省区及陕西。

滇龙胆草

Gentiana rigescens

龙胆科 龙胆属

多年生草本；花枝多数，丛生，基部木质化；叶对生，多为卵状矩圆形；花多数，簇生于枝顶端呈头状，无花梗；花冠蓝紫色或蓝色，漏斗状钟形，5裂，裂片间有5褶，冠檐具斑点；蒴果内藏。滇龙胆草生于林下、山坡，分布于云南、贵州、四川、广西及湖南。

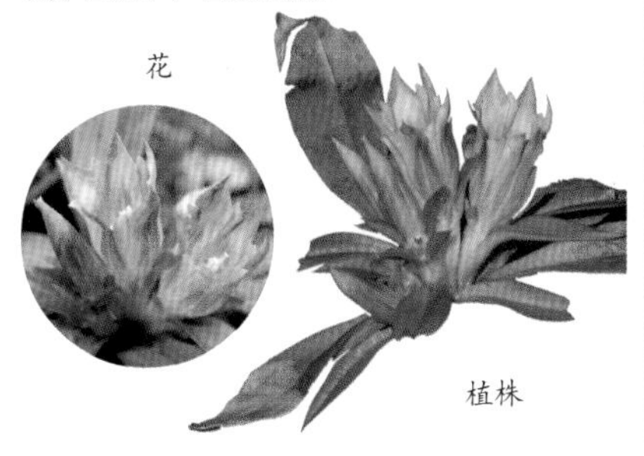

花

植株

花锚

Halenia sibirica

龙胆科 花锚属

一年生草本；茎近四棱形；单叶对生，椭圆状卵形，常具3条叶脉；聚伞花序，顶生或腋生；花冠黄色或黄绿色，钟形，裂片4枚，每枚裂片具一角状的距；蒴果卵圆形，顶端2瓣开裂。花锚全草入药，且因其花形奇特可以引种栽培供观赏；分布于东北、华北各省区。

植株

花

植株　　　　　　　　花

荇菜

Nymphoides peltatum

龙胆科　荇菜属

水生多年生草本，浮叶根生；叶片漂浮，近革质，圆形，叶基心形；花常多数，簇生于节上；花冠辐射状，金黄色，裂片5枚，喉部有长毛；蒴果椭圆形。荇菜亦称莕菜，全草入药，也可作为水生观赏植物栽培；分布于南北各省区，多见于池塘或不甚流动的河溪中。

荇菜属我国有6种，均为水生种类。

獐牙菜

Swertia bimaculata

龙胆科　獐牙菜属

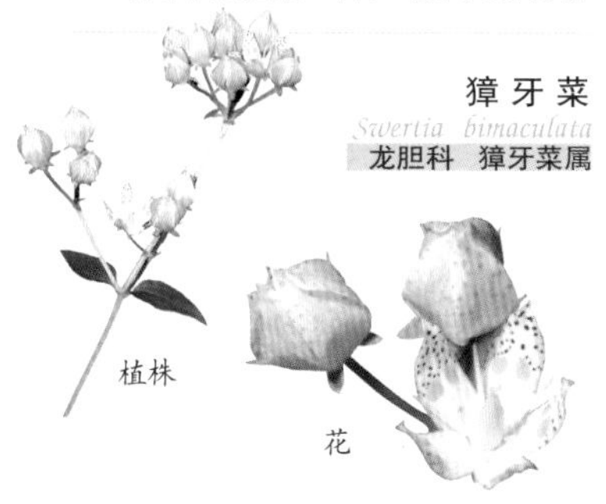
植株　　花

一年生草本；茎圆形，中空；叶对生，椭圆形；复聚伞花序，圆锥状；花冠黄色，具有紫色小斑点，5裂；蒴果无柄，狭卵形。獐牙菜分布于华北、西北、华中、华南及西南多个省区。

獐牙菜属植物我国产79种。

夹竹桃科 Apocynaceae

罗布麻

Apocynum venetum

夹竹桃科　罗布麻属

多年生草本或亚灌木；具乳汁；叶对生，椭圆状披针形，叶柄间有腺体；聚伞花序顶生；花冠圆筒状钟形，紫红色或粉红色，裂片5枚；雄蕊5枚，生于花冠筒基部，与花冠附属物互生；蓇葖果2枚双生，长角状；种子顶端具白色绢质种毛。罗布麻是我国大面积野生的纤维植物，嫩枝和叶可以入药，也是良好的蜜源植物；分布于东北、华北、华东、西北各省区，生于河滩、砂质地及盐碱荒地。

罗布麻属我国仅含1种。

花序

果期植株

萝芙木

Rauvolfia verticillata

夹竹桃科　萝芙木属

植株

灌木；叶3～4枚轮生，稀为对生，椭圆形至披针形；聚伞花序，生于上部小枝腋间；花小，白色，花冠略呈钟状，下部合生成花冠筒，中部膨大，上部5裂；雄蕊着生于花冠筒内；核果卵圆形，由绿色变暗红色，再变紫黑色。萝芙木根、叶可入药，植株内所含的生物碱是制作“降压灵”的原料；分布于西南、华南及台湾。

果期植株　　花期植株

羊角拗

Strophanthus divaricatus

夹竹桃科　羊角拗属

灌木；叶对生，椭圆形；聚伞花序顶生，通常3朵花；花冠漏斗状，淡黄色，下部合生成管，上部5裂，裂片黄色、外弯；裂片内由10枚鳞片组成附花冠，高出花冠喉部，白黄色；蓇葖果广叉开，木质，椭圆状长圆形；种子具白色绢质种毛。羊角拗全株有毒，种子毒性尤大，误食可致死，亦可入药；分布于云南、贵州、广东、广西及福建等省区。

羊角拗属我国产2种，另有4种栽培，见于南部及西南地区，大都有毒。

白薇

Cynanchum atratum

萝藦科　鹅绒藤属

多年生草本；根须状，有香气；茎上密生柔毛；叶对生，卵状长圆形，两面有毛；聚伞花序，生于茎的四周；花冠辐状，黑紫色；副花冠5裂；蓇葖果单生，圆柱状；种子具白色种毛。白薇的根可入药；主要分布于东北、华北、华东、华中、华南及西南等省区。

鹅绒藤属我国产53种，是萝藦科中较大的属。

植株

鹅绒藤

Cynanchum chinensis

萝藦科 鹅绒藤属

多年生草本；茎缠绕，全株具短柔毛；叶对生，宽三角状心形，两面有短柔毛；聚伞花序腋生；花冠白色；副花冠二型，杯状，上端列成10条丝状体，分为两轮排列；蓇葖果双生，有时仅1个发育，细圆柱状，先端渐尖；种子具白色绢质种毛。鹅绒藤全草入药；分布于华北、西北及辽宁、江苏、浙江等省区。

花

植株

花

果实

萝藦

Metaplexis japonica

萝藦科 萝藦属

多年生草质缠绕藤本，有乳汁；单叶对生，长卵形；总状聚伞花序，腋生或腋外生；花冠白色，有淡紫红色斑纹，近辐状，5裂；蓇葖果双生，纺锤形；种子具白色绢质种毛。萝藦全草入药；分布于东北、华北、华东及陕西、甘肃、湖北、贵州等省区。

杠柳

Periploca sepium

萝藦科 杠柳属

落叶木质藤本，具乳汁；叶对生，卵状长圆形；聚伞花序腋生；花冠紫红色，辐状，裂片5枚、反卷；副花冠环状，10裂；蓇葖果2枚，圆柱状；种子具白色绢质种毛。杠柳的根皮和茎皮入药称香加皮；分布于华北、华东及吉林、辽宁、陕西、甘肃、四川、贵州等省区。

花

植株

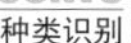

打碗花
Calystegia hederacea
旋花科　打碗花属

一年生缠绕或平卧草本；叶互生，戟形或长三角形；花单生于叶腋，苞片2枚，紧贴萼片；花冠漏斗状，粉色或淡紫色；蒴果卵球形。打碗花为田间的常见杂草，根可以入药；打碗花在全国各地均有分布。

打碗花属在我国较为常见。

植株

植株

银灰旋花
Convolvulus ammanni
旋花科　旋花属

多年生草本；根状茎木质化；枝和叶密被贴生的银灰色绢毛；叶互生，线形或狭披针形，无柄；花单生枝端；花冠小，漏斗状，淡玫瑰色或白色带紫色条纹，花冠及萼片均被毛；蒴果球形。银灰旋花生于旱地草坡、路旁及半荒漠化草原，分布于东北、华北、西北各省区。

花

田旋花
Convolvulus arvensis
旋花科　旋花属

多年生缠绕或平卧草本；叶互生，卵状长圆形至披针形，叶基戟形；花常单生于叶腋，苞片2枚，远离萼片（以区分于打碗花）；花冠漏斗状，粉红色或白色；蒴果卵圆形。田旋花为路旁或农田杂草，全草可以入药；分布于东北、华北、西北、西南及华东部分省区。

植株

菟丝子

Cuscuta chinensis

旋花科 菟丝子属

一年生寄生草本；茎缠绕，纤细，黄色，无叶；花序侧生，簇生成小伞形，近于无总花梗；花小，花冠白色，壶状，5裂，裂片向外反曲；蒴果球形，为宿存的花冠所包围。菟丝子是大豆产区的有害杂草，种子可以入药；在我国南北各省均有分布。

菟丝子属我国产8种，南北均有分布，全为寄生植物。

花

植株

花

植株

日本菟丝子

Cuscuta japonica

旋花科 菟丝子属

一年生寄生缠绕草本；茎粗壮，稍肉质，橘红色，常带紫红色瘤状斑点，无叶；穗状花序；花冠钟形，淡红色或绿白色，5裂；蒴果卵圆形。日本菟丝子又名金灯藤，常寄生于草本植物或灌木上，有时亦对木本植物造成危害，种子药用，功效与菟丝子相同；分布于南北各省区。

北鱼黄草

Merremia sibirica

旋花科 鱼黄草属

花

植株

一年生缠绕草本；单叶互生，卵状心型，基部有小耳状假托叶；聚伞花序腋生；花冠钟形，淡红色，5浅裂；蒴果近球形。北鱼黄草又叫西伯利亚甘薯，全草和种子入药，可以治疗下肢肿痛；分布于华北、华中、西南及西北、东北的部分省区。

鱼黄草属在我国主产于华南及云南。

花序

飞蛾藤

Porana racemosa

旋花科 飞蛾藤属

攀援灌木，草质；茎缠绕，常具小瘤；叶互生，卵形，先端常具尾尖或锐尖，叶基深心形；圆锥花序腋生；花冠漏斗形，白色，管部带黄色，5裂至中部；蒴果卵形。飞蛾藤全草入药；分布于长江以南各省及陕西、甘肃。

花荵科
Polemoniaceae

花荵

Polemoniun chinense

花荵科 花荵属

多年生草本；奇数羽状复叶互生，小叶互生；聚伞圆锥花序顶生或生于上部叶腋；花冠钟状，蓝紫色或蓝色、淡蓝色，5裂；雄蕊5枚，生于花冠筒基部之上；柱头3裂；蒴果卵形。花荵可引种栽培作为观赏植物；分布于东北、华北、西北及云南、四川等省区。

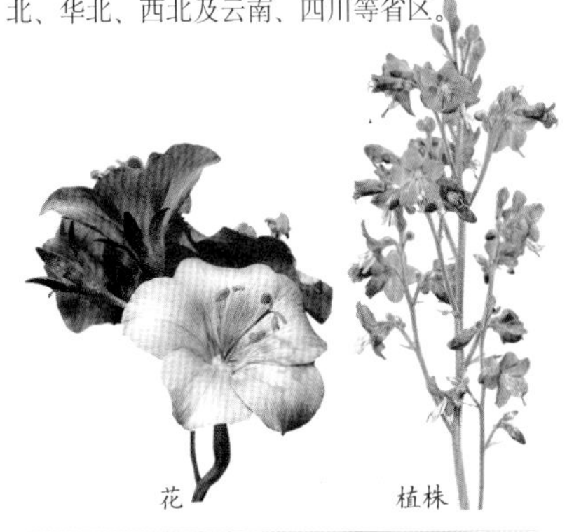
花　　植株

紫草科
Boraginaceae

斑种草

Bothriospermum chinense

紫草科 斑种草属

一年生草本；全株密被硬毛；叶互生，长圆形，两面被短糙毛；蝎尾状聚伞花序；花冠淡蓝色，下部合生成短筒，上部5裂，喉部具5个梯形附属物；雄蕊内藏；子房4裂；小坚果4枚，肾形，有网状皱褶及粒状突起。斑种草为田间、路边杂草，分布于华北及甘肃、陕西、辽宁等省区。

紫草科我国有200余种，多为草本，少数为木本种类。

植株

果实

大尾摇

Heliotropium indicum

紫草科 天芥菜属

一年生草本；茎上被开展的糙伏毛；叶互生或近对生，卵形或椭圆形，上下两面均被硬毛及糙伏毛；蝎尾状聚伞花序；花冠浅蓝色或蓝紫色，高脚杯状，下部合生，上部5裂；核果近无毛，具棱。大尾摇全草入药；分布于广东、海南、福建、台湾及云南等省区。

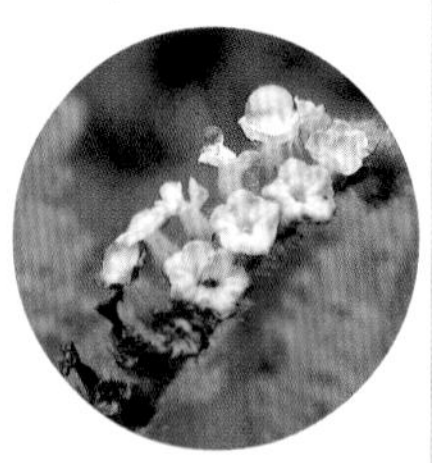

花序

植株

鹤虱

Lappula myosotis

紫草科 鹤虱属

花

果期植株

一年生或二年生草本；茎密被白色糙毛；单叶互生，披针形，有细糙毛；总状花序顶生；花冠淡蓝色，漏斗状至钟状，裂片5枚，喉部有5个梯形附属物；小坚果4枚，卵形，具小瘤状突起，延棱有2~3行锚状刺，刺的先端具钩。鹤虱的果实为驱虫药；分布于华北、西北、内蒙古西部。

鹤虱属我国约有31种，多见于干旱地或者沙化的土地。

麦家公

Lithospermum arvense

紫草科 紫草属

一年生或二年生草本；全株具伏贴硬毛；单叶互生，线状披针形，两面有短糙伏毛；蝎尾状聚伞花序；花冠白色，有时淡蓝色，高脚杯状，下部合生，上部5裂，喉部无附属物；小坚果4枚，三角状卵球形，具瘤状突起。麦家公又叫田紫草，根可入药；分布于东北、华北、华中及华东、西北部分省区。

植株

砂引草

Messerschmidia sibirica

紫草科　砂引草属

多年生草本；茎密生糙伏毛或长柔毛；叶互生，披针形，密被毛；二歧聚伞花序顶生；花冠白色或黄白色，钟状，下部合生成花冠筒、较花冠裂片长，上部5裂，裂片外弯；核果卵球形，粗糙，被毛。砂引草常见于砂地、荒漠，是良好的固沙植物；分布于东北及华北、西北的部分省区。

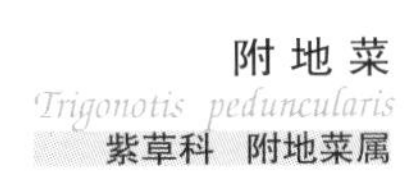

植株

勿忘草

Myosotis silvatica

紫草科　勿忘草属

花序

多年生草本；茎被开展的糙毛或卷毛；叶互生，披针形，两面被毛；蝎尾状聚伞花序；花冠蓝色，高脚杯状，下部合生，上部5裂，裂片旋转状排列，喉部具有5枚鳞片状附属物；小坚果卵形，平滑有光泽。勿忘草生于山地草甸、林下及山谷草地，花色美丽，分布于东北、华北、西北及四川、云南、江苏等省区。

附地菜

Trigonotis peduncularis

紫草科　附地菜属

一年生或二年生草本；茎常丛生，基部分支，密集，铺散，被细毛；叶互生，有柄，叶片匙形，两面被毛；蝎尾状聚伞花序；花小，花冠蓝色，下部合生，上部5裂，裂片覆瓦状排列，喉部黄色，有5个鳞片状附属物；小坚果4枚，四面体形。附地菜全草入药，嫩叶可食；分布于东北、华北、西北及福建、江西、云南、西藏、广西等省区。

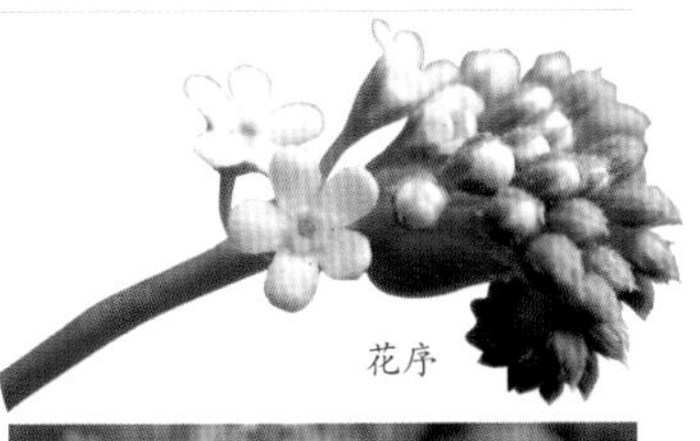

花序

植株

马鞭草科
Verbenaceae

紫珠

Callicarpa dichotoma

马鞭草科 紫珠属

落叶小灌木；叶对生，倒卵状披针形，边缘仅上半部具数个粗锯齿，背面密生细小黄色腺点；聚伞花序，着生于叶腋上方；花冠紫色，顶端4裂；雄蕊4枚，花丝伸出，长为花冠的2倍；果实球形，紫色。紫珠又名白棠子树，全株供药用，亦可栽培以供观赏；原产于华北、华中及南部各省，现南北各地都有栽培。

紫珠属我国约有46种，主产长江以南；马鞭草科多为木本，极少数为草本。

植株

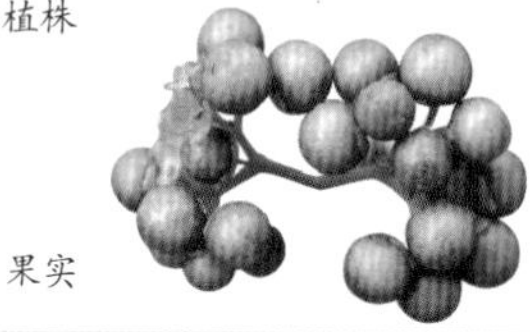
果实

兰香草

Caryopteris incana

马鞭草科 莸属

植株 花序

落叶小灌木；单叶对生，卵状长圆形，边缘有粗齿，被短柔毛，两面有黄色腺点；聚伞花序；花冠淡紫色或淡蓝色，二唇形，5裂，喉部具毛环，下唇中裂片边缘流苏状；雄蕊4枚，与花柱均伸出花冠管外；蒴果倒卵状球形，被粗毛。兰香草全草入药，亦可供观赏；分布于华中、华东、华南部分省区。

莸属我国14种，常见的还有三花莸(*C. terniflora*)。

海州常山

Clerodendrum trichotomum

马鞭草科 大青属

落叶灌木或小乔木；老枝具皮孔；单叶对生，卵状椭圆形；聚伞花序，伞房状；花萼蕾时绿白色，后变紫红色，基部合生，顶端5裂；花冠白色或带粉红色，有香气，下部合生成细管，顶端5裂；核果近球形，包于宿存的萼内，成熟时外果皮蓝紫色。海州常山又叫臭梧桐，可供观赏；分布于华北、中南、西南及辽宁、甘肃、陕西等省区。

花 植株

马鞭草

Verbena officinalis

马鞭草科 马鞭草属

多年生草本；茎四方形；基生叶边缘常具粗齿和缺刻，茎生叶对生，常3深裂，两面均有硬毛；穗状花序；花冠淡紫色至蓝色，花小，下部合生，上部5裂；雄蕊4枚，着生于花冠管的中部，2枚在上，2枚在下；蒴果长圆形。马鞭草全草入药；分布于华中、华东、华南、西南等省区。

植株

荆条

Vitex negundo var. *heterophylla*

马鞭草科 牡荆属

花

植株

落叶灌木；小枝四棱形，被毛；叶对生，掌状复叶，小叶多为5枚，披针形，边缘有缺刻状锯齿，浅裂至深裂，背面有灰白色绒毛；圆锥花序顶生；花冠淡蓝紫色，2唇形，上唇2裂，下唇3裂；雄蕊4枚，二强，伸出花冠管外；核果近球形。荆条为优良的蜜源植物，且茎叶种子均可入药；分布于华北、西北、华中、西南及辽宁等省区。

唇形科
Labiatae

藿香

Agastache rugosa

唇形科 藿香属

多年生草本；植株有浓郁的香味；茎四棱；叶对生，心状卵圆形；轮伞花序顶生呈穗状；花冠淡紫色至淡蓝色，二唇形，上唇直伸，下唇3裂；雄蕊4枚，二强，伸出花冠外；子房4深裂；小坚果4枚，卵状长圆形。藿香全草入药，果可作香料，叶及茎为芳香油原料；分布于我南北各省区。

藿香属我国仅此1种；唇形科在我国约含99属，800余种。

植株

花序

植株（紫花）

植株（白花）

紫背金盘

Ajuga nipponensis

唇形科　筋骨草属

一年生或二年生草本；茎四棱，通常从基部分枝，被柔毛；单叶对生，椭圆形，基部楔形下延，边缘具圆齿，背面常带紫色；轮伞花序生于茎中部以上，向上渐成顶生穗状花序；花冠淡蓝色或蓝紫色，有时白色，下部合生成筒状，上部二唇形，上唇2裂，下唇3裂；雄蕊4枚，二强，伸出；小坚果4枚，卵状，背部具皱纹。紫背金盘全草入药；分布于华中、华东、华南及西南各省区。

水棘针

Amethystea caerulea

唇形科　水棘针属

一年生草本；茎四棱形，紫色或紫绿色；叶对生，有柄，叶柄具狭翅，叶三角形或卵形，常3深裂，边缘具齿；小聚伞花序排列成疏松的圆锥花序；花冠蓝色或紫蓝色，二唇形，上唇2裂，下唇3裂；小坚果，倒卵状三棱形。水棘针为田边或河岸沙地杂草，分布于东北、华北、西北及安徽、湖北、四川、云南等省区。

水棘针属是世界单种属，本属仅此1种。

花

植株

香青兰

Dracocephalum moldavica

唇形科　青兰属

一年生草本；茎不明显四棱形，被倒向的毛；叶对生，披针形，边缘具不规则锯齿；轮伞花序通常4花；花冠淡蓝紫色，二唇形，上唇先端微裂，下唇3裂、中裂片再2裂，具深紫色斑点；小坚果4枚，长圆形，光滑。香青兰全株含芳香油；分布于东北、华北及陕西、甘肃、青海等省区。

植株

木香薷

Elsholtzia stauntoni

唇形科　香薷属

落叶半灌木；茎四棱，上部常带紫红色；叶对生，椭圆状披针形，下面密布凹腺点；轮伞花序顶生呈穗状；花冠淡红紫色，二唇形，上唇直立、先端微缺，下唇3裂；雄蕊4枚，前对较长，明显伸出花冠外；小坚果4枚，椭圆形。木香薷可用于提取香料；分布于华北部分省区及内蒙古、陕西、甘肃等地。

植株

活血丹

Glechoma longituba

唇形科　活血丹属

花序

多年生草本；具匍伏茎，节上生根；茎四棱；叶对生，心型或近肾形，被毛；轮伞花序，通常2朵花；花冠淡蓝色至紫色，二唇形，上唇2裂，下唇3裂、具深色斑点；雄蕊4枚，内藏；小坚果4枚，长卵圆形。活血丹又名连钱草，全草或茎叶入药；除青藏及甘肃、新疆之外，全国各地均有分布。

夏至草

Lagopsis supina

唇形科　夏至草属

多年生草本；茎四棱形，具沟槽，密被微柔毛；叶对生，3深裂；轮伞花序具疏花；小苞片弯曲，刺状；花冠白色，二唇形，上唇全缘，下唇3裂；小坚果长卵形。夏至草全草入药；分布于东北、华北、华中、西南、西北等省区。

植株

宝盖草

Lamium amplexicaule

唇形科 野芝麻属

一年生或二年生草本；茎四棱，常中空；叶对生，圆形或肾形；下部叶有柄，上部叶无柄；轮伞花序；花冠紫红色或粉红色，二唇形，上唇直伸，下唇3裂；雄蕊4枚，二强；小坚果4枚，倒卵圆形。宝盖草全草入药；分布于西北、华中、华东、华南部分省区及河南、四川、贵州等地。

植株

花

植株

益母草

Leonurus japonicus

唇形科 益母草属

一年生或二年生草本；茎四棱，被短柔毛；叶对生，掌状3裂；轮伞花序腋生；花冠粉红色至淡紫红色，二唇形，上唇长圆形、外被白色长柔毛，下唇3裂；小坚果4枚，长圆状三棱形。益母草全草入药；分布于南北各省区。

薄荷

Mentha haplocalyx

唇形科 薄荷属

多年生草本，有清香气；茎四棱，具四槽；叶对生，长圆状披针形；轮伞花序，腋生；花冠淡紫色，冠檐4裂，略呈二唇形，上裂片先端微2裂；小坚果长圆形。薄荷全草入药，且幼嫩茎尖可食，亦可用于提取薄荷油，制造牙膏及医药制品；南北各省均有分布。

植株

糙苏

Phlomis umbrosa

唇形科　糙苏属

多年生草本；茎四棱，疏被毛；叶对生，圆卵形，边缘具圆锯齿；轮伞花序腋生；花冠粉红色，二唇形，外侧被毛，上唇盔状、边缘具不整齐小齿，下唇3裂、常具红色斑点；雄蕊4枚，内藏；小坚果4枚，卵状三棱形。糙苏根可入药；分布于华北、西北部分省区及辽宁、四川、湖北、贵州、广东等地。

花序

植株

蓝萼香茶菜

Isodon japonicus

唇形科　香茶菜属

花

花枝

多年生草木，高达1.5 m；茎四棱形；叶对生，卵形，基部下延成翅；聚伞花序；花萼带蓝色；花冠淡紫或蓝色，二唇形，上唇具深色斑点、先端具4齿，下唇全缘；雄蕊4枚，二强，略伸出；花柱丝状，伸出；小坚果4枚，卵状三棱形。分布于东北、华北及河南等地。

香茶菜属我国约产90种，常见有显脉香茶菜(*I. nervosus*)、溪黄草(*I. serra*)。

花

植株

丹参

Salvia miltiorrhiza

唇形科　鼠尾草属

多年生草本；根肥厚，肉质，外面朱红色，内面白色；茎四棱，密被长柔毛；叶常为奇数羽状复叶，对生，小叶3～5枚；轮伞花序，下部疏理，上部密集成总状；花冠蓝紫色，二唇形，上唇全缘，下唇3裂、短于上唇；雄蕊4枚，2枚退化，2枚伸出；小坚果4枚，椭圆形。丹参根可入药；分布于华北、华中、华东各省区。

鼠尾草属我国约有78种，全国皆有分布。

植株

黄芩

Scutellaria baicalensis

唇形科 黄芩属

多年生草本；根茎肥厚，肉质；茎钝四棱形；叶对生，披针形，全缘，下面密被下陷的腺点；总状花序；花冠紫色、紫红色或蓝色，二唇形，上唇先端微裂，下唇3裂；雄蕊4枚，二强，稍露出；小坚果卵状，具瘤。黄芩的根茎入药；分布于东北、华北、西北部分省区及四川。

黄芩属我国产100余种，南北均有分布，其中多数可入药。

百里香

Thymus mongolicus

唇形科 百里香属

落叶半灌木；茎四棱，常匍伏；叶对生，卵圆形；花序近头状；花冠紫红色、淡紫色或粉红色，二唇形，上唇微凹，下唇3裂；雄蕊4枚，前对略伸出；小坚果4枚，卵圆形。百里香全草可入药，也可作香料；分布于华北部分省区及陕西、甘肃、青海、内蒙古等地。

花

植株

茄科 Solanaceae

曼陀罗

Datura stramonium

茄科 曼陀罗属

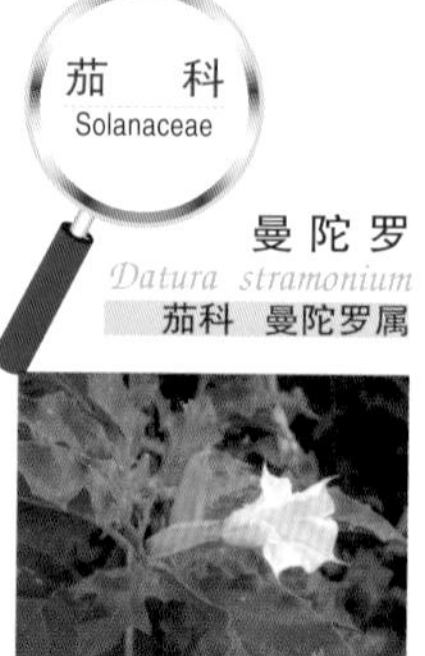
花期植株

果期植株

一年生直立草本，有时为亚灌木；叶基部为不对称的楔形；花单生于枝的分叉处或叶腋，直立具短柄；花萼筒状，筒部具5棱角，5浅裂；花后自基部断裂，宿存部分随果实增大并向外反折；花冠漏斗状，下半部分带绿色，上部白色或淡紫色；蒴果直立，表面具坚硬的针刺。曼陀罗的叶、花、种子入药；种子油可以制肥皂和参合油漆用。我国各省区均有分布。

天仙子

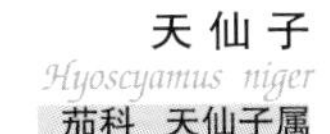

Hyoscyamus niger

茄科 天仙子属

果实

花

一年生或二年生草本；全株被粘性腺毛；基部具有莲座状叶丛；茎生叶无叶柄，基部有时半抱茎，除被黏性腺毛外，沿叶脉被柔毛；花在茎顶端聚集成偏向一侧的蝎尾状的穗状花序；花冠钟状，5浅裂，黄色，脉纹为紫堇色；蒴果包藏于宿存的花萼内。天仙子又叫莨菪，根、叶、种子有药用，种子油可以用作制肥皂。分布于华北、西北、西南和华东各省区。

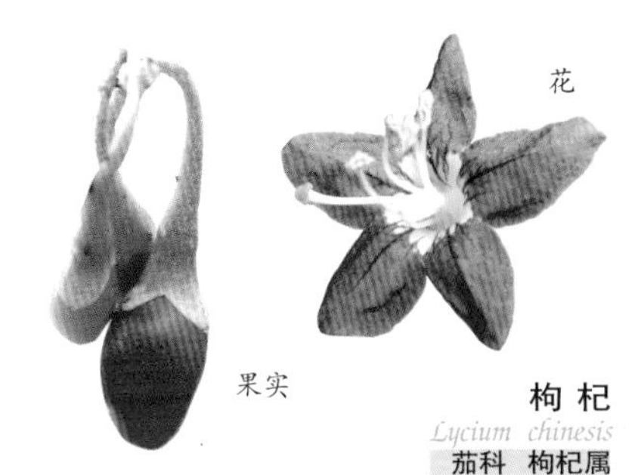

花

果实

枸杞

Lycium chinesis

茄科 枸杞属

落叶灌木，枝条细长，常弯曲或俯垂；植物体常具刺；叶互生或簇生于短枝上；花常簇生于叶腋；花冠漏斗状，淡紫色，5深裂；浆果红色。枸杞的果实入药，根皮也具有解热止咳的效用。嫩叶可以作蔬菜。本种可以作为水土保持的绿化植物。分布于东北、河北、山西、陕西、甘肃南部以及西南、华中、华南、华东各省区。

酸浆

Physalis alkekengi

茄科 酸浆属

多年生草本；茎直立，节部稍膨大；叶在下部互生，在上部假对生；花单生于叶腋，花萼钟状，5裂；花冠辐射，白色。浆果，球形，熟时橙红色，有膨大宿存的花萼包围。酸浆有叫挂金灯，红姑娘，果可以食用。带宿存花萼的浆果可供药用。除西藏外我国各省区均有分布。

果实

花

龙葵

Solanum nigrum

茄科 茄属

一年生直立草本；叶卵形，互生；蝎尾状花序，腋外生；花冠白色，5深裂，花药顶孔开裂；浆果球形，熟时黑色。龙葵全株可以入药，具有散淤消肿、清热解毒的功效。我国各地均有分布。

茄属为茄科最大的属，我国近40种。

花

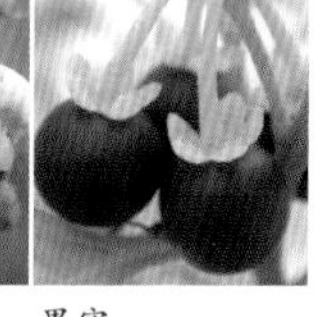
果实

青杞

Solanum septemlobum

茄科 茄属

花序

多年生直立草本或灌木状；茎具棱角，无刺，被白色弯曲的短柔毛或近无毛；叶5~9羽状深裂，两面及叶柄被毛；二歧聚伞花序，顶生或腋外生；花冠蓝紫色；雄蕊5，靠合；花药顶孔开裂；浆果近球形，熟时红色。青杞又叫红葵，全草有毒，含生物碱；全草可药用。分布于东北、华北、西北和山东、安徽、江苏、河南、四川等省区。

玄参科 Scrophulariaceae

花

小米草

Euphrasia pectinata

玄参科 小米草属

植株

一年生小草本；叶对生，无柄；穗状花序顶生；花萼管状；花冠二唇形，白色或淡紫色，上唇直立，2浅裂；下唇稍长，3裂。雄蕊4，花药紫色。蒴果，扁平。小米草分布于东北、华北、西北各省区。

花

柳穿鱼

Linaria vulgaris

玄参科　柳穿鱼属

植株

多年生草本；叶多为互生，少为下部轮生，具单脉，少为3脉；总状花序顶生，花有梗；花萼5深裂；花冠二唇形，基部有长距，黄色；上唇直立，2裂，下唇先端平展，3裂；蒴果卵球形。柳穿鱼全草入药。分布于东北、华北、山东、河南、江苏、陕西、甘肃等地。

植株

母草

Lindernia procumbens

玄参科　母草属

一年生直立小草本；叶无柄；花单生叶腋，花梗纤细；花萼5深裂至近基部；花冠粉红色或紫色，上唇短，2浅裂，下唇甚长于上唇，3裂；雄蕊4，全能育；前2雄蕊花丝附属物腺体状而短小；蒴果室间开裂。母草为湿地杂草。分布于东北、河北、安徽、浙江、两湖、广东、广西、云南、贵州、四川等省区。

花

通泉草

Mazus japonicus

玄参科　通泉草属

一年生草本；叶基生或在茎上对生或互生，倒卵状披针形，总状花序顶生，花冠淡紫色或蓝色，唇形；蒴果球形，室背开裂。通泉草全草入药，有清热、解毒、调经之功效。分布于除内蒙古、宁夏、青海、新疆以外的各省区。

通泉草植株

山萝花

Melampyrum roseum

玄参科　山萝花属

植株

一年生草本；全株被鳞片状短毛；茎直立，微四棱形；叶对生；总状花序生于分支顶端，苞片的边缘长具芒状齿；花冠紫红色，下部管状，上部二唇形；上唇2裂，边缘密生紫红色须毛，下唇3裂；蒴果，卵状渐尖。山萝花全草及根可以入药。分布于除云南、四川以外的全国各地。

沟酸浆

Mimulus tenellus

玄参科　沟酸浆属

多年生小草本；植株柔弱，常铺散状；下部匍匐生根，四棱形；花萼圆筒形，具5条肋棱，果期肿胀成囊泡状；花冠漏斗状，黄色；雄蕊和花柱内藏；蒴果。沟酸浆为湿地杂草；茎、叶作酸菜食用。分布于东北、华北、山西、甘肃、山东、浙江等省区。

植株

穗花马先蒿

Pedicularis spicata

玄参科　马先蒿属

一年生草本；被白色柔毛；茎生叶4枚轮生，羽状浅裂至中裂；穗状花序，顶生；花萼短，

植株

钟状，萼齿3；花冠紫红色，下唇长于盔约2倍；蒴果，狭卵形。穗花马先蒿花色艳丽，可尝试用于栽培供观赏。分布于东北、内蒙古、华北、陕西、甘肃、四川、湖北等省区。

马先蒿属为玄参科最大的属，我国近300种。

返顾马先蒿

Pedicularis resupinata

玄参科 马先蒿属

多年生草本；叶互生，边缘具钝圆的羽状缺刻状重锯齿；总状花序；唇形花冠，向右扭转，花冠紫红色，2强雄蕊；蒴果。返顾马先蒿根可以入药。分布于东北、华北、山东、安徽、陕西、甘肃、四川、贵州等省区。

植株

花

植株

花

松蒿

Phtheirospermum japonicum

玄参科 松蒿属

一年生草本；叶对生，具柄；花生于上部叶腋；花萼钟状，裂片5；花冠粉红色，下唇2裂，稍短；上唇3裂，不成盔状；雄蕊4；蒴果，卵球形。松蒿又叫小盐灶草，全草入药。分布于除新疆、青海之外的全国的省区。

地黄

Rehmannia glutinosa

玄参科 地黄属

多年生草本，全株被长柔毛及腺毛；根肉质肥厚，微带黄色；叶皱；花萼钟状；花冠筒状而微弯，外面紫红色，内面黄色有紫斑；子房2室，中轴胎座，花后渐变为1室近侧膜胎座。地黄的根可以药用。

分布于东北、内蒙古、河北、山西、山东、安徽、浙江等省区。

植株

阴行草

Siphonostegia chinensis

玄参科 阴行草属

花

植株

一年生草本；叶对生，无柄或有短柄，叶片二回羽状全裂；花对生于茎枝上部，成稀疏总花序；花萼细筒状，10脉突出；花冠二唇形，上唇盔状；下唇3裂，黄色；雄蕊花丝被柔毛。阴行草又叫刘寄奴，全草入药。分布于全国各省区。

细叶婆婆纳

Veronica linariifolia

玄参科 婆婆纳属

多年生草本；常不分枝，常被白色而多卷曲的柔毛；叶下部对生，上部互生；总状花序，长穗状；花冠淡蓝紫色，少白色，4裂；雄蕊2；蒴果卵球形。细叶婆婆纳又叫水蔓菁，叶味甜，采苗炸熟可食用，也可以药用。分布于东北、河北、内蒙古、陕西、山西等省区。

婆婆纳属我国60余种。

植株

腹水草

Veronicastrum stenostanchyum ssp. *lukenetii*

玄参科 腹水草属

花序　　植株

多年生草本；根状茎横走；茎弓曲细长，中上部密被黄色卷毛；叶互生，卵形至卵状披针形；穗状花序，花密集；萼片5深裂，不等长；花冠筒状，白色或紫色，冠檐稍裂；蒴果卵形。腹水草可入药；分布于华中、华东及广东等省区。

楸树

Catalpa bungei

紫葳科 梓树属

植株

落叶乔木；单叶对生，叶为三角状卵形，全缘；花排成伞房状总状花序；花萼顶端有2尖裂；花冠白色，内具紫色斑点；能育雄蕊2；蒴果长线状。楸树为速生用材树种；花可提取芳香油；种子可入药。分布于长江流域、河南、陕西等省。

角蒿

Incarvillea sinensis

紫葳科 角蒿属

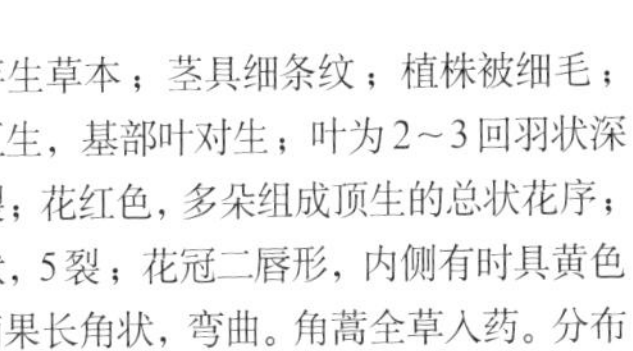

一年生草本；茎具细条纹；植株被细毛；分支叶互生，基部叶对生；叶为2～3回羽状深裂或全裂；花红色，多朵组成顶生的总状花序；花萼钟状，5裂；花冠二唇形，内侧有时具黄色斑点；蒴果长角状，弯曲。角蒿全草入药。分布于东北、华北等省区。

植株　　花

列当科
Orobanchaceae

列当

Orobanche coerulescens

列当科 列当属

一年生寄生草本；植株被蛛丝状绵毛；茎基部膨大；叶鳞片

植株

状互生；穗状花序顶生；花萼2深裂；花冠二唇形；上唇宽，顶端微凹；下唇3裂；雄蕊4，二强；蒴果。列当全草入药。分布于东北、华北、山东、陕西、四川等省区。

植株

黄花列当

Orobanche pycnostachya

列当科 列当属

一年生寄生草本；植株密被腺毛；茎直立，通常不分支，基部膨大，黄褐色；穗状花序顶生，密生腺毛；花萼2深裂，每个裂片顶端又2裂；花冠淡黄色，有时为白色，二唇形；上唇2裂，下唇3裂，裂片不等大，边缘被有腺毛。黄花列当全草入药。分布于东北、华北等省区。

苦苣苔科 Gesneriaceae

植株

牛耳草

Boea hygrometrica

苦苣苔科 牛耳草属

多年生草本；叶基生，密集，无柄，近圆形；聚伞花序2~5花；密生短腺毛；花萼5深裂；花冠淡蓝紫色，二唇形；上唇2，下唇3；能育雄蕊2，退化雄蕊2~3。蒴果线形，成熟后扭曲。牛耳草全草入药。分布于东北、华中、西南、华东、西北等地区。

爵床科 Acanthaceae

水蓑衣

Hygrophila salicifolia

爵床科 水蓑衣属

多年生草本；叶对生，圆状披针形；花簇生于叶腋；花冠淡紫红色，2唇形，上唇2浅裂，下唇3深裂；雄蕊2强；蒴果。水蓑衣的种子遇水即现出白色密绒毛，因而得名，多生于阴湿处或溪水边；分布于长江流域以南地区。

花

植株

孩儿草

Rungia pectinata

爵床科 孩儿草属

一年生草本；茎下部匍匐；叶对生，矩圆状披针形；穗状花序，花偏生于一侧；花冠白色带淡紫色，2唇形，下唇3浅裂；雄蕊2枚；蒴果。分布于华南、西南等省区。

花序

爵床

Rostellularia procumbens

爵床科 爵床属

植株

花序

一年生细弱草本；常簇生，多分枝，基部匍匐状，有毛；穗状花序；花萼裂片线状披针形；花冠粉红色；雄蕊2，着生花冠筒口内；蒴果线状。爵床全草可以药用。分布于秦岭以南，近年来华北各大城市见有逸生。

大花山牵牛

Thunbergia grandiflora

爵床科 山牵牛属

藤本；叶对生，宽卵形，边缘浅裂；花1～2朵腋生，或成下垂的总状花序；花冠紫色、蓝色至白色，合生成管状，先端裂片5枚，不等大；雄蕊2；蒴果下部近球形，上部具长喙。大花山牵牛又称大花老鸦嘴，分布于华南、西南部分省区，热带地区常见栽培。

植株

果期植株

花期植株

车前科
Plantaginaceae

平车前

Plantago depressa

车前科　车前属

一年生草本，具主根，叶基生；叶为平行脉，基部具较宽的叶鞘；穗状花序，直立；花冠裂片4；蒴果圆锥状，成熟时在中下部盖裂。平车前种子和全草入药。广泛分布于全国。

植株

水团花

Adina pilulifera

茜草科　水团花属

灌木或小乔木；叶对生，矩圆状披针形；托叶2深裂；头状花序，总花梗较长；苞片数枚；花5数；蒴果具明显纵棱。水团花可治畜疫，亦为固堤植物；分布于长江以南各省区。

蓬子菜

Galium verum

茜草科　猪殃殃属

多年生草本；茎直立，无倒钩刺；叶6～10轮生，线形；圆锥花序，顶生或生于上部叶腋，花黄色；果双头形。蓬子菜全草入药。分布于东北、西北至长江流域各省区。

植株

栀子

Gardenia jasminoides

茜草科　栀子属

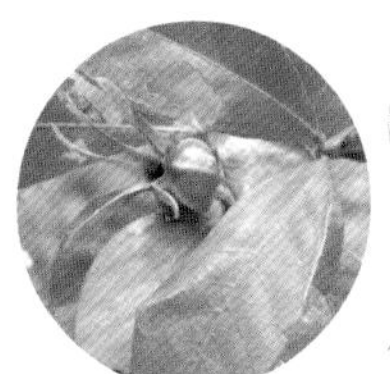

果期植株

常绿灌木；叶革质，变异较大；深绿色有光泽；花大，芳香，具短柄；花单生于枝顶，花冠白色，高脚碟状；果黄色，有5～9条直棱。栀子花美，芳香，为著名的观赏植物，果实可入药。原产于为我国中部和南部，现普遍栽培。

花

植株

薄皮木

Leptodermis oblonga

茜草科　野丁香属

落叶小灌木；单叶对生，全缘，叶柄间托叶为三角形；花无柄，数朵集合成头状，花冠紫色，漏斗形；蒴果，托以宿存的小苞片。薄皮木可以栽培用于观赏。分布于陕西、湖北、四川、云南、北京各省区。

伞房花耳草

Hedyotis corymbosa

茜草科　耳草属

一年生草本；常披散或贴生于地面；茎和枝四棱形；叶对生，条形至披针形；花序伞房状排列；萼筒球形，4裂；花冠白色或淡红色；蒴果球形，萼裂片宿存。伞房花耳草可作跌打药；分布于东南至西南。

花序

植株

植株

果实

玉叶金花

Mussaenda pubescens

茜草科　白纸扇属

攀援灌木，被毛；叶对生或轮生，矩圆形至卵状披针形，下面密被短柔毛；聚伞花序顶生；萼筒陀螺状，5裂，有些花的1枚裂片扩大成叶状，白色；花冠黄色，5裂；果实肉质，近椭圆形。玉叶金花可入药；分布于长江以南各省区。

鸡矢藤

Paederia scandens

茜草科　鸡矢藤属

草质藤本；叶对生，宽卵形至披针形，揉搓后有鸡屎味；聚伞花序，常一侧生花；花冠筒外侧白色，内侧喉部以下深紫红色，密被毛，冠檐5裂；核果球形，熟时红色。鸡矢藤可入药；广布于长江流域以南各省区，北方部分省区也有。

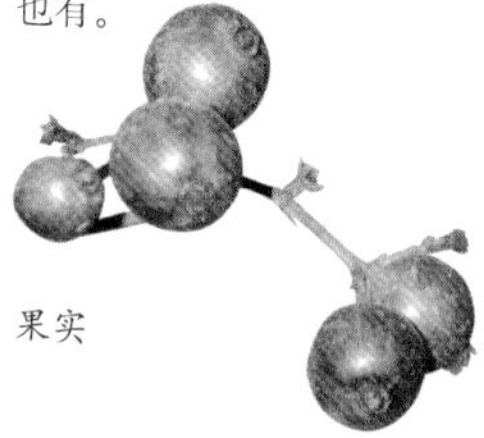

果实

植株

忍冬科
Caprifoliaceae

六道木

Abelia biflora

忍冬科　六道木属

花

落叶灌木；茎、枝具6条纵沟；单叶对生，全缘或具齿牙；花无总梗，顶生2朵，花冠管状，子房下位；果弯曲，瘦果状。六道木又叫降龙木，可供观赏；茎、枝可用于制拐杖。分布于东北、华北等地。

花序

糯米条

Abelia chinensis

忍冬科 六道木属

落叶灌木；叶卵形至卵状披针形；聚伞状圆锥花序，顶生或腋生，分枝上部叶片常变小；花萼裂片5，边缘有睫毛；花冠漏斗状；瘦果核果状。糯米条可供观赏。分布于浙江、江西、福建、广东、广西、湖南、湖北、四川等省区。

蝟实

Kolkwitzia amabilis

忍冬科 蝟实属

果实

花

落叶灌木；老枝的皮成条状剥落；叶上面疏生短柔毛，下面脉上被柔毛；每一聚伞花序2花，2花的萼筒下部合生；花萼裂片披针形；花冠钟状，粉红色或紫色；雄蕊4，2长2短，内藏；果2个，合生，外被刺毛状刚毛。蝟实花大而美丽，为优美的观赏植物，分布于华北、西北。

金花忍冬

Lonicera chrysantha

忍冬科 忍冬属

果实

落叶灌木；冬芽狭卵形，鳞片具睫毛；相邻的两花萼筒分离，被腺毛；花冠先白色后变黄色；花冠二唇形；雄蕊5，与花柱稍短于花冠；浆果红色。金花忍冬多用于观赏。分布于东北、华北、西北各省区。

忍冬属为忍冬科的大属之一，我国近100种。

花（白色）

花（黄色）

植株

忍冬

Lonicera japonica

忍冬科　忍冬属

落叶攀援木质藤本；单叶对生，花成对生于叶腋，花冠二唇形，先白色略带紫色，后变为黄色，雄蕊5，子房下位，浆果。忍冬又叫金银花，供观赏，花可入药，也可提炼芳香油；茎皮可作纤维。广布于我国南北各地，也常见栽培。

果实

无梗接骨木

Sambucus sieboldiana

忍冬科　接骨木属

落叶灌木；树皮浅黄色；奇数羽状复叶，对生，小叶常为7；聚伞花序在顶端成圆锥花序；花萼5裂；花冠黄白色，5裂；雄蕊5，着生于花冠裂片上且与其互生，果为核果状浆果，熟时鲜红色。无梗接骨木的嫩茎枝可以入药。分布于东北、河北、陕西、山西、山东等省区。

花序

鸡树条荚蒾

Viburnum sargentii

忍冬科　荚蒾属

落叶灌木；单叶对生，叶常3裂，叶柄顶端具2～4腺体，聚伞花序组成复伞形花序，边缘具不育花，子房下位；核果红色。鸡树条荚蒾种子油可供制肥皂和润滑油；果实可食；茎皮含纤维，可制绳；也是很好的庭院绿化树种；叶、幼枝及果实可以入药。分布于东北、华北、西北各省区。

荚蒾属为忍冬科的大属之一，我国有74种。

花序

果期植株

锦带花

Weigela florida

忍冬科 锦带花属

落叶灌木；叶对生，聚伞花序顶生或腋生，花冠漏斗状，白色至深红色，5裂，雄蕊5，子房下位，蒴果长圆形。锦带花可供观赏。分布于东北、华北等省区。

花

植株

败酱科

Valerianaceae

黄花龙牙

Patrinia scabiosaefolia

败酱科 败酱属

多年生草本；根状茎横走，有陈腐气味；基生叶簇生；茎生叶对生，上部叶无柄；花序梗一侧有毛，萼片不明显；花冠黄色，上端5裂；雄蕊4，瘦果。黄花龙牙根可入药。全国各省区均有分布。

花序

植株

缬草

Valeriana officinalis

败酱科 缬草属

多年生草本；根茎甫匐，有强烈气味；地上茎中空，有纵棱；叶对生，羽状深裂；两面及叶柄稍有毛；花萼内卷；花冠粉红色或白色，缘部5裂；雄蕊3，生于花冠管上；瘦果顶端具羽毛状冠毛。缬草的根茎入药。分布于我国东北至西南各省区。

川续断科 Dipsacaceae

日本续断

Dipsacus japonicus

川续断科　续断属

花序

植株

多年生草本；茎枝具棱，棱有倒钩刺；叶对生，3～5羽状分裂，头状花序顶生，花冠4裂，紫红色，雄蕊4，分离；瘦果，顶端具宿存的萼片。生于山地草甸较湿的沟谷处，分布于全国各省区。

华北蓝盆花

Scabiosa tschiliensis

川续断科　蓝盆花属

花序

多年生草本；基生叶簇生，茎生叶对生，叶羽状浅裂、深裂至全裂；头状花序，花冠蓝紫色，雄蕊4，离生；瘦果，顶端具宿存的萼刺。华北蓝盆花又叫山萝卜，可以栽培用于观赏。分布于河北、山西、陕西、内蒙古、东北、甘肃、宁夏等省区。

葫芦科 Cucurbitaceae

盒子草

Actinostemma lobatum

葫芦科　盒子草属

一年生攀援状草本；茎细长，具纵棱，被短柔毛；卷须2分叉，和叶对生；叶互生，披针状三角形；花单性同株，雄花序总状，腋生；雌花单生或着生于雄花序基部，黄绿色，花萼和花冠裂片均为披针形；雄蕊5，分离；蒴果，熟时盖裂。盒子草全草、种子和叶可入药。分布于东北、河北、内蒙古、江苏、浙江、江西、四川等省区。

花

果实

裂瓜

Schizopepon bryoniaefolius

葫芦科 裂瓜属

一年生攀援草本；卷须丝状，2分叉；叶互生，卵状心形或三角状卵形，常具3~7角或浅裂；花单生叶腋，或成短总状花序；花萼5裂，被疣状小凸起；花冠白色或黄白色，5深裂，具疣状凸起；雄蕊3枚；果实卵形，成熟时由顶部向基部3瓣裂。裂瓜分布于东北、华北等省区。

果实

植株

花

赤雹

Thladiantha dubia

葫芦科 赤雹属

多年生攀援草本；卷须不分枝；叶卵心形，两面被粗毛；花单性异株，花冠钟状，5深裂，雄蕊5，离生；浆果熟时鲜红色。赤雹的根和果实可以入药。分布于东北、内蒙古、河北、山西、山东、陕西、甘肃和宁夏等省区。

植株

桔梗科

Campabulaceae

石沙参

Adenophora polyantha

桔梗科 沙参属

多年生草本；具白色乳汁；根近胡萝卜形；基生叶早枯，茎生叶互生，无柄；花序通常不分枝，总状，花常偏于一侧；花冠钟状，深蓝或浅蓝紫色，5浅裂；雄蕊5；子房下位，花柱基部具圆筒状花盘；蒴果。石沙参的根入药。分布于东北、辽宁、陕西、甘肃、宁夏、江苏、山东等省区。

花序

植株

紫斑风铃草

Campanula punctata

桔梗科 风铃草属

多年生直立草本；常不分枝，密生柔毛；基生叶具长叶柄，茎生叶叶柄下延成翅；花单个顶生或腋生，下垂，具长花柄；花冠黄白色，具多数的紫色斑点，钟状；雄蕊5，花丝被有柔毛；子房下位，柱头3裂；蒴果成熟后侧面裂开。紫斑风铃草花大而美丽，可供观赏；全草入药。分布于东北、华北、陕西、甘肃、河南、湖北、四川等省区。

花

植株

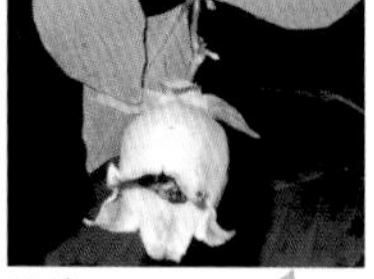

植株

果实

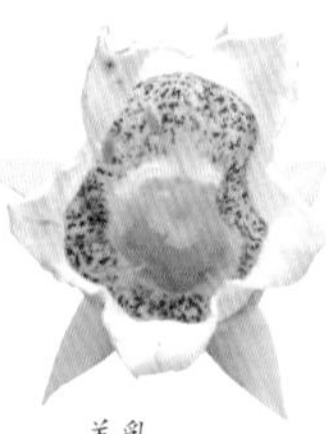

羊乳

羊乳

Codonopsis lanceolata

桔梗科 党参属

多年生草质藤本；具白色乳汁，有臭味；叶在分枝的顶端3~4枚近轮生；花冠淡黄绿色，宽钟状，子房半下位；蒴果3瓣裂；种子具翅。羊乳又叫四叶参，根可入药。分布于我国自华南、西南至东北等省区。

半边莲

Lobelia chinensis

桔梗科 半边莲属

多年生草本；具白色乳汁；茎平卧；节上生根，叶狭披针形，无毛；花通常一朵，生于分支上部的叶腋内；花冠粉红色，近一唇形，裂片5；雄蕊5，花丝上部、花药合生，蒴果，2瓣裂。半边莲全草入药。主要分布于长江中、下游及以南的各省区，但近年来北方草坪见有逸生。

花

植株

桔 梗

Palatycodon grandiflorus

桔梗科　桔梗属

花

植株

多年生草本，具白色乳汁；根粗壮；茎直立；叶3枚轮生，有时为对生或互生；花萼钟状，无毛，裂片5；花冠浅蓝色，浅钟状，5浅裂；雄蕊5，花丝基部加宽，与花冠裂片互生。蒴果，顶端5瓣裂。桔梗根可以入药，花大而美丽，可以作观赏植物。我国北方各山区县均有分布。

铜锤玉带草

Pratia begoniifolia

桔梗科　铜锤玉带草属

多年生平卧草本；茎上有开展的短柔毛，节上生根；叶互生，圆卵形；花单生叶腋；萼片5裂，具小齿；花冠紫色，近二唇形，上唇裂片2，下唇裂片3；雄蕊5枚，花药围绕花柱合生；浆果紫红色，椭圆球形，萼片常宿存。铜锤玉带草全草入药；分布于华中、华东、华南、西南等省区。

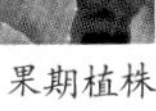

果期植株　　花期植株

香 青

Anaphalis sinica

菊科　香青属

多年生草本；密生白色绵毛，茎直立，

植株

叶基下延成狭翅；头状花序多数，再排成复伞房状；总苞片乳白色或污白色，干膜质；雌雄异株，雌株头状花序有多层雌花，中央有1～4个雄花，雄株头状花序全部为雄花；瘦果，冠毛1层，白色。香青全草入药。分布于我国北部、中部、东部及南部。

牛蒡

Arctium lappa

菊科 牛蒡属

二年生草本，高可达2m；茎粗壮，基生叶丛生，叶大型，宽卵形，叶柄粗壮，茎生叶互生；头状花序排成伞房状，总苞圆球状，总苞片多层，披针形，顶端钩状内弯，花全为管状花，淡紫色，瘦果具多条肋，冠毛糙毛状。牛蒡分布于我国东北至西南各省；其新鲜嫩叶可制茶，瘦果入药。

花序

植株

花序

植株

三脉紫菀

Aster ageratoides

菊科 紫菀属

多年生草本；根状茎粗壮，茎直立，有棱及沟，被柔毛或粗毛，茎生叶长圆状披针形，离基三出脉，边缘有3～7对浅或深齿；头状花序排成伞房状，总苞倒锥形或半球形，舌状花紫色至白色，管状花黄色；瘦果具糙毛状冠毛。广泛分布于我国东北部、北部、东部、南部至西部、西南部及西藏南部；可用于治风热感冒。

苍术

Atractylodes lancea

菊科 苍术属

多年生亚灌木状草本；茎圆而有纵棱；基部叶多3裂，中上部叶不裂，边缘具毛状刺齿；雌雄异株，头状花序单生枝顶，全为管状花，两性或雌性，花白色，总苞钟形，基部具羽状深裂的叶状苞；瘦果圆柱形，冠毛羽毛状。苍术分布于我国华中、中南及西南各省；根茎入药，各地药圃广有栽培。

植株

果实

花期植株

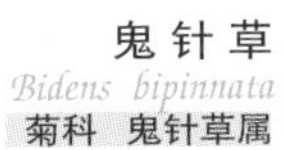

鬼针草

Bidens bipinnata

菊科　鬼针草属

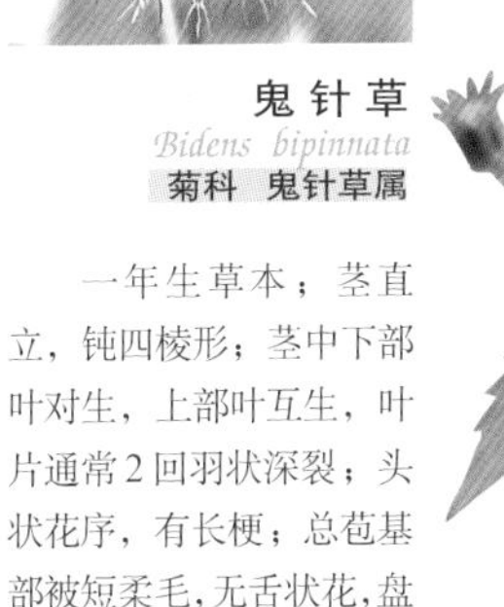

一年生草本；茎直立，钝四棱形；茎中下部叶对生，上部叶互生，叶片通常2回羽状深裂；头状花序，有长梗；总苞基部被短柔毛，无舌状花，盘花筒状，黄色；瘦果黑色，顶端有3～4枚芒刺。分布于我国华东、华中、华南、西南各省区；为我国民间常用草药。

翠菊

Callistephus chinensis

菊科　翠菊属

一年生或二年生草本，高可达1m；茎有白色糙毛，叶基部近截形或宽楔形，边缘有粗锯齿，叶柄有狭翅，头状花序宽大，常单生茎端，总苞片叶状；边缘花舌状，雌性，紫、蓝、红或白色，一层或多层，中央为管状花，两性；瘦果密生短毛，冠毛2层，内层羽毛状。分布于我国东北、华北及西南等地。

植株

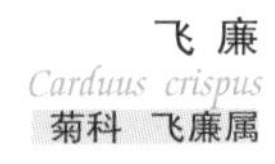

飞廉

Carduus crispus

菊科　飞廉属

二年生草本；茎直立，有绿色的叶状翅，翅有刺齿。叶椭圆状披针形，羽状深裂，边缘有刺；头状花序2～3个生于枝顶，全部为管状花，紫红色，瘦果稍扁，冠毛粗糙。飞廉分布于我国东北、西北至西南各省区；可入药，亦为优良蜜源植物。

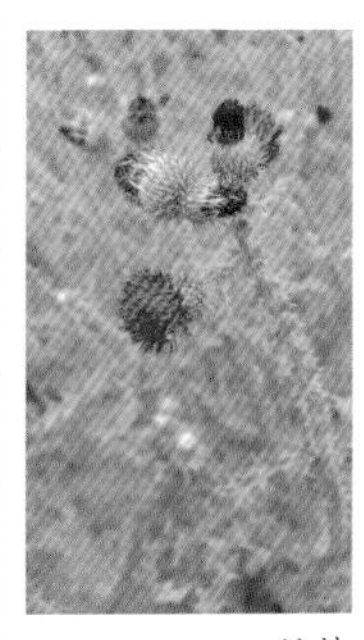

植株

植株

烟管头草

Carpesium cernuum

菊科 天名精属

多年生草本；茎分枝，被白色长柔毛；叶互生；头状花序，单生于小枝的顶端，下垂，总苞杯状，总苞片4层，全为管状花，外围雌性，黄色，中央为两性花，瘦果线形，无冠毛。烟管头草又称金挖耳，分布于全国各地，全草入药。

刺儿菜

Cirsium setosum

菊科 蓟属

多年生草本；茎直立，叶互生，齿端有硬刺，两面有疏生的蛛丝状毛，雌雄异株；头状花序单个或数个生于枝端，成伞房状，内层总苞片有刺，花冠紫红色，瘦果，冠毛羽毛状。刺儿菜又称小蓟，分布于全国各地；全草入药。

植株

植株

魁蓟

Cirsium leo

菊科 蓟属

多年生草本，茎多分枝，有纵条棱，被皱缩毛，叶互生，边缘具刺；头状花序单生枝端，直立，总苞宽钟形，雌雄同株，花全为管状两性花，花冠紫色，瘦果灰黑色，偏斜椭圆形，冠毛多层。魁蓟分布于华北、甘肃、四川等省区，为路边杂草。

野茼蒿

Crassocephalum crepidioides

菊科 野茼蒿属

花序＋果实

植株

一年生草本；茎有纵条棱；叶互生，长圆状椭圆形，边缘有不规则锯齿，或基部羽状裂；头状花序，在茎端排成伞房状；总苞片1层，线状披针形；小花全部为管状花，红褐色或橙红色；瘦果狭圆柱形，冠毛极多，白色，绢毛状。野茼蒿又称革命菜，分布于华中、华南、西南及福建、西藏等省区，全草可入药，嫩叶是一种味美的野菜。

鱼眼草

Dichrocephala auriculata

菊科 鱼眼草属

一年生草本；茎通常粗壮，叶大头羽裂；头状花序球形，在枝端排成伞房状或伞房状圆锥花序，全部为管状花，外围雌花多层，紫色，中央两性花黄绿色，瘦果无冠毛。分布于华中、华南和西南等省区，药用可消炎止泻。

植株

植株

花

甘菊

Dendranthema lavandulifolium

菊科 菊属

多年生草本；茎直立，多分枝；叶椭圆状卵形，羽状深裂，边缘有缺刻状锐齿；头状花序，在茎枝顶端排成伞房状；总苞碟形，舌状花雌性，黄色，管状花两性，黄色；瘦果倒卵形，无冠毛。广布于东北、华北及华东各省区，可供节日布置公园花坛。

蓝刺头

Echinops latifolius

菊科　蓝刺头属

植株

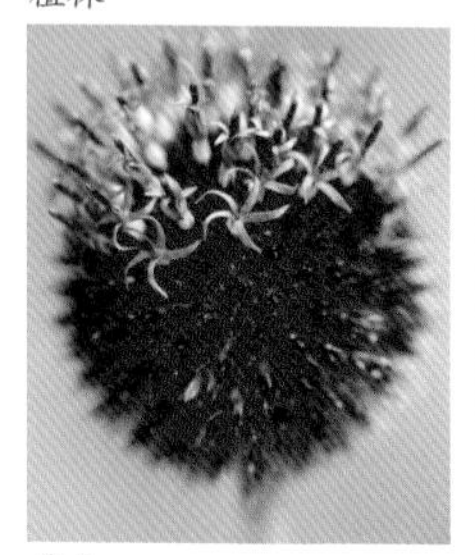

花序

多年生草本；茎少分枝，有白色绵毛；叶互生，2回羽状深裂，边缘有刺，上面绿色，下面密生白色绵毛；圆球形复头状花序，每个头状花序具1朵管状花，花冠筒状，淡蓝色；瘦果圆柱形，密生黄褐色柔毛，冠毛短。蓝刺头分布于东北、华北及河南、山东等地；其根入药，名禹州漏芦，而且是优良蜜源植物。

鳢肠

Eclipta prostrata

菊科　鳢肠属

植株

一年生草本；茎从基部分枝，有贴生糙毛及淡黑色汁液；叶对生，长圆状披针形，两面密生硬毛；头状花序单生，总苞绿色，草质，舌状花雌性，白色，管状花两性，白色，顶端4齿裂，瘦果三棱状或扁四棱形，无冠毛。鳢肠分布于全国各地；全草入药，药名墨旱莲。

飞蓬

Erigeron acer

菊科　飞蓬属

二年生草本；茎密被柔毛并混生硬毛；叶两面被硬毛，头状花序在茎顶排列成密集的狭圆锥花序，总苞半球形，3层；雌花两型，外层小花舌状，淡红紫色，内层细管状，无色，管状花两性；瘦果，冠毛2层，刚毛状。分布于东北、华北、西北、西南等省区。

花序　　植株

泽 兰

Eupatorium lindleyanum

菊科 泽兰属

多年生草本；叶对生，几无叶柄，披针形至卵状披针形，边缘有疏锯齿，头状花序多数在茎顶组成伞房状，总苞钟形，淡绿色，花筒状，淡紫或白色，瘦果黑色，冠毛白色。

泽兰又称白鼓钉，分布于我国东北、华北、华中和华东等地，泽兰的全草入药，叶子可炼制香料。

植株

植株

花序

大 丁 草

Gerbera anadria

菊科 大丁草属

多年生草本；叶基生莲座状，头状花序单生；植株两型：春型植株较矮小，叶羽状分裂呈提琴状，边缘有不规则的圆齿；花异形，外围一层紫红色的舌状花，雌性，中央是两性的管状花；秋型植株较高，叶倒披针状长椭圆形，头状花序较大，舌状花罕见，仅有管状花，为闭锁花；瘦果纺锤形，冠毛刺毛状。大丁草分布于我国南方和北方的广大地区；全草入药。

宽 叶 鼠 麴 草

Gnaphalium adnatum

菊科 鼠麴草属

一年生草本，密被白色绵毛；茎粗壮，上部有分枝；叶具明显3脉；头状花序多数，在茎上部枝端排成球状精密的复伞房状花序；总苞近球形；外围雌花多数，花冠丝状，中央两性花较少，黄色或淡黄色；瘦果长圆形。分布于华东、华南、西南等省区。

植株

植株

泥胡菜
Hemistepta lyrata
菊科　泥胡菜属

二年生草本；基生叶莲座状，提琴状羽状分裂，上面绿色，下面密生白色蛛丝状毛，中上部叶渐小；头状花序多数，外层总苞片背面有鸡冠状突起，花冠管状，紫红色，瘦果，冠毛白色，内层羽毛状。泥胡菜分布于全国各地，为路边常见杂草。

花序

狗哇花
Heteropappus hispidus
菊科　狗哇花属

二年生草本；茎有粗毛，茎生叶全缘，无叶柄；头状花序在茎上部排成伞房状，总苞绿色，叶状，有粗毛；舌状花白色或淡红色，管状花5裂；瘦果具糙毛状冠毛。分布于我国东北、华北、西北、南至江南等地；狗哇花的花序较大，有观赏价值，根可入药。

植株

旋覆花
Inula japonica
菊科　旋覆花属

多年生草本；茎直立，上部有分枝；茎中部叶椭圆形或长圆形；头状花序再排成伞房状；总苞半球形，总苞片4～5层，舌状花和管状花均黄色；瘦果近圆柱形，冠毛白色。旋覆花广泛分布于我国北部、东北部、中部、东部各省。其花序可入药，药名为旋覆花。

花序

植株

植株

苦 菜

Ixeris chinensis

菊科 苦荬菜属

多年生草本，全株无毛；叶基生，莲座状，全缘或有羽状裂，无柄；头状花序多个排成伞房状，全为舌状花，黄色或白色，花药绿褐色；瘦果具短喙，冠毛白色。分布于我国东北、华北至东部和南部地区，全草入药，民间将其嫩叶凉拌、蘸酱生吃。

花序

苦 荬 菜

Ixeris polycephala

菊科 苦荬菜属

一年生草本，植株无毛，有乳汁；基生叶铺散，茎生叶较小，基部扩大成耳状或戟形且抱茎极深；头状花序小，排成伞房状，全部为舌状花，鲜黄色；瘦果黑色，具短喙，冠毛白色。苦荬菜又称抱茎苦荬菜，分布于我国东北、华北等省区；全草入药，嫩苗亦可食用。

北 方 马 兰

Kalimeris mongolica

菊科 马兰属

植株

花序

多年生草本；茎直立，叶互生，膜质，羽状深裂，从下到上逐渐变小；头状花序在茎顶排列成疏伞房状，总苞半球形，外层舌状花1层，淡蓝紫色，中央管状花，黄色，瘦果倒卵形，冠毛淡红色。分布于东北、华北等地，全草及根入药。

植株　　花序

火绒草

Leontopodium leontopodioides

菊科　火绒草属

多年生草本，植株被灰白色绵毛；叶线形或线状披针形，无柄；头状花序3～7个密集，或排成伞房状，外有少数长圆形或线形的苞叶；总苞半球形，被白色绵毛；瘦果长圆形，冠毛白色。分布于东北、华北等我国北方省区。火绒草也叫火绒蒿，全草药用。

狭苞橐吾

Ligularia intermedia

菊科　橐吾属

多年生草本，高达1 m；基生叶大型，呈肾状心形，边缘有较整齐的细锯齿，基部两侧各有一圆耳，茎生叶渐小；头状花序，花黄色，排成顶生总状花序，开花后下垂，总苞片1层，有舌状花6～8及管状花20余个；瘦果圆柱形，冠毛乳白色。分布于我国东北、华北、西北、华中等地；可作观赏植物。

植株

花序

蚂蚱腿子

Myripnois dioica

菊科　蚂蚱腿子属

植株

小灌木，株高不及1 m，多分枝；叶互生，全缘，宽披针形，三出脉；头状花序生于叶腋，雌花、两性花异株，总苞片密生腺体和绢毛，雌花花冠淡紫色，两性花花冠白色；瘦果，冠毛白色，糙毛状。蚂蚱腿子属为我国特有的单属种。蚂蚱腿子为早春先叶开花的灌木，分布于我国东北和华北等地，是华北山区阴坡的优势灌木种之一。

毛莲菜

Picris japonica

菊科　毛莲菜属

一二年生草本，全株有粗毛；茎直立，基部和下部叶为倒披针形，上部通常为线状披针形；头状花序黄色，两性，全部为舌状花，在枝顶排列成伞形或伞房状；瘦果顶端有短喙，冠毛羽毛状。毛莲菜分布于我国华北、华东至中南等省区；其嫩芽可食。

植株

植株

祁州漏芦

Rhaponticum uniflorum

菊科　祁州漏芦属

多年生草本；茎直立不分枝，有绵毛；基生叶和茎下部叶羽状深裂，边缘有不规则齿；头状花序单生茎顶，较大，总苞宽钟状，苞片多层，棕色，有干膜质附片，管状花淡紫色，瘦果，冠毛淡褐色。祁州漏芦的头状花序较大，可引种于庭园供观赏，其根可入药。

日本风毛菊

Saussurea japonica

菊科　风毛菊属

二年生草本；茎粗壮，有纵棱，被短柔毛和腺体；叶羽裂或全缘，叶柄常下延在茎上呈翼状；头状花序排成密集的伞房状，总苞筒状，总苞片6层，全为管状花，花紫红色；冠毛2层，内层羽毛状。分布于东北、华北、西北、华东及华南等地区，为路边杂草。

风毛菊属为菊科的大属之一，我国约300余种。

花序

植株

桃叶鸦葱

Scorzonera sinensis

菊科 鸦葱属

多年生草本，具乳汁；根粗壮，基部具纤维状根衣；茎常单生；叶全缘，边缘深皱状弯曲；头状花序单生茎顶，总苞筒形，全部总苞片外面光滑无毛，花全为舌状花，黄色，外面玫瑰色；瘦果圆柱形，冠毛羽毛状。桃叶鸦葱分布于东北、华北等省区，根入药。

植株

植株

篦苞风毛菊

Saussurea pectinata

菊科 风毛菊属

多年生草本；茎直立，具纵沟棱；叶卵状披针形，羽状深裂；头状花序排成疏伞房状，总苞钟状，总苞片约5层，顶端有栉齿状附片，全为管状花，花粉紫色；瘦果圆柱状，内层冠毛羽毛状。分布于东北、华北、华中等省，为路边杂草。

林荫千里光

Senecio argunensis

菊科 千里光属

多年生草本；茎直立；叶互生，长圆状披针形，边缘具细锯齿；头状花序排列成复伞形，花序梗细长，总苞片1层，线状长圆形，舌状花5个，黄色，管状花多数，瘦果圆柱形，冠毛白色。分布于我国北部、中部及东部地区。

植株

植株

花序

狗舌草

Senecio kirilowi

菊科　千里光属

多年生草本；基部叶丛生成莲座状，两面多少有白色绵毛，茎生叶无柄，基部抱茎；头状花序再排成伞房状或假伞形，缘花1层，舌状，雌性，盘花多层，管状，两性；瘦果有多数纤细的白色冠毛。狗舌草广泛分布于东北、华北、华中、华东及西南各省区；全草入药。

腺梗豨莶

Siegesbeckia pubescens

菊科　豨莶属

一年生草本；株高可达1 m，叶对生，基部宽楔形，下延成有翅的叶柄，边缘有粗齿，基出3脉；头状花序，花序梗和总苞片密生褐色头状有柄的腺毛，舌状花和管状花均黄色；瘦果倒卵形，无冠毛。腺梗豨莶从东北至长江以南广大地区均有分布，全草入药。

植株

花序

植株

续断菊

Sonchus asper

菊科　苦苣菜属

一二年生草本，有乳汁，茎中空，茎生叶卵状狭长椭圆形，边缘密生刺状尖齿，刺较长而硬，基部有扩大的圆耳；头状花序黄色，全为舌状花，瘦果扁，两面各有3条纵棱，冠毛白色。我国普遍分布；多用作饲料，为饲养幼鹅的好青饲料。

植株

果实

蒲公英

Taraxacum mongolinum

菊科 蒲公英属

多年生草本；根圆柱状，粗壮，全株有乳汁；叶全基生，长圆披针形；每株有花莛数根，与叶等长或稍长；头状花序全是舌状花，黄色，瘦果倒卵状披针形，顶端具细长的喙，冠毛毛状。分布于全国各地；蒲公英全草入药。

植株

苍耳

Xanthium sibiricum

菊科 苍耳属

一年生草本；茎粗壮，多分枝，叶三角状卵形或心形；头状花序单性同株，雄花序密集枝顶；雌花序生于叶腋，内层总苞片愈合成壶形硬体，密生钩刺及细毛；瘦果倒卵形，无冠毛。我国各地广布；茎皮制成的纤维可作麻袋、麻绳，入药治麻风，种子利尿、发汗，但苍耳幼苗有毒。

黄鹌菜

Youngia japonica

菊科 黄鹌菜属

一二年生草本；茎直立；叶多基生，倒披针形，提琴状羽裂；头状花序小，有10～20朵舌状花，排成聚伞状圆锥花序，花冠黄色；瘦果纺锤形，有11～13条纵肋，冠毛白色。黄鹌菜分布于全国各地，为路边杂草。

花序

植株

香蒲科
Typhaceae

狭叶香蒲
Typha angustifolia
香蒲科 香蒲属

多年生水生或沼生草本；叶二列，互生，叶片条形、扁平，下部有鞘、抱茎；花单性，雌雄同株，构成蜡烛状穗状花序，雌花序和雄花序分离，雌花序在下，雄花序在上；雌花序圆柱形，红褐色，雄花序较雌花序细瘦而短，略呈黄色；小坚果。狭叶香蒲又称水烛、蒲草，是构成水生植被的重要物种，花粉即蒲黄入药，叶片可用于编织、造纸，雌花序可产蒲绒作为填充物，亦可用于观赏；广泛分布于南北各省。

香蒲科仅香蒲属1属，我国产11种。

植株

黑三棱
Sparganium stoloniferum
黑三棱科 黑三棱属

黑三棱科
Sparganiaceae

植株

多年生水生或沼生草本；叶二列，互生，叶片条形，上部扁平，基部三棱形；花单性，雌雄同株，圆锥花序，雌花序在下，雄花序在上；雌、雄花序皆为头状；果实具棱，顶端有喙。黑三棱块茎入药即三棱，亦可用于花卉观赏；分布于东北、华北、西北，及云南、江苏、江西、湖北等省。

黑三棱科仅黑三棱属1属，较为常见的还有狭叶黑三棱（*S. stenophyllum*）。

眼子菜
Potamogeto distinctus
眼子菜科 眼子菜属

眼子菜科
Potamogetonaceae

多年生水生草本；扎根在水下，叶子漂浮于水面；叶互生或近对生，卵状椭圆形；穗状花序，在花期伸出水面；花小，雌蕊1～3枚，易与眼子菜属其他种类相区别；果实核果状。眼子菜又叫鸭子草，是良好的鸭饲料，但亦为南方水田里的有害杂草；分布于南北各省区。

眼子菜属我国约20余种，常见的有菹草（*P. crispus*）、穿叶眼子菜（*P. perfoliatus*）等。

花序

植株

露兜树科
Pandanaceae

植株

果实

露兜树
Pandanus tectorius
露兜树科 露兜树属

常绿灌木或小乔木；常左右扭曲，具气根；叶簇生于枝顶，螺旋状排列，条形，先端具长尾尖，边缘及背部中脉有粗壮的锐刺；花单性，雌雄异株；雄花序为若干条穗状花序，具白色佛焰苞；雌花序头状，圆球形，乳白色佛焰苞多枚；聚花果大，向下悬垂，长圆球形，幼时绿色，成熟时橘红色，柱头宿存。露兜树根与果实入药，叶纤维可供编织；见于海边沙地，分布于华南，及云南、贵州、中国台湾等地。

露兜树属是露兜树科中最大的属，我国产8种，较为常见的还有叉分露兜（*P. furcatus*）。

植株

雌花

水鳖
Hydrocharis dubia
水鳖科 水鳖属

漂水草本；叶簇生，漂浮，心形或圆形，背面有贮气囊；花单性，花瓣3，雌雄异株；雄花较小，黄色；雌花较大，白色；果实浆果状，球形。水鳖也叫白萍，可作饲料或绿肥；分布于东北、华北、华中、华东、华南、西南各省区。

水鳖属为水鳖科的常见属，我国仅此1种；水鳖科植物全为水生，常见的还有沉水植物黑藻（*Hydrilla verticillata*）、苦草（*Vallisneria spiralis*）等。

海菜花
Ottelia acuminata
水鳖科 水车前属

沉水草本；叶基生，条形至卵形，变化较大；花单性，雌雄异株，生于佛焰苞内；雄花在佛焰苞内多数，白色，花瓣3枚，雄蕊黄色；雌花2～3朵生于佛焰苞内，白色，花瓣3枚，柱头橙黄色；果为三棱状纺锤形，棱上具肉刺和疣凸。海菜花可供观赏，分布于华南、西南各省区，为我国特有种。

水车前属我国约产6种，常见种类还有水车前（*O. alismoides*）。

雌花

泽泻科 Alismataceae

多年生水生或沼生草本；具块茎；叶基生，挺水叶椭圆状卵形，弧形脉，具长柄；花茎长，花序圆锥形；花两性，花被片6，外轮3枚绿色，内轮3枚花瓣状、白色；雄蕊6枚，轮生；瘦果椭圆形。东方泽泻茎入药；分布于南北各省区。

泽泻属我国产6种，常见种类还有泽泻（*A. plantago-aquatica*）等。

东方泽泻

Alisma orientale

泽泻科　泽泻属

花　　植株

野慈姑

Sagittaria trifolia

泽泻科　慈姑属

雌花

雄花

植株

多年生水生或沼生草本；根状茎在地下横走，末端膨大为圆球形；叶基生，叶片箭形，具叶柄；总状花序，花莛直立，挺出水面；花单性，雌雄同株，雌花在下，雄花在上；花被片6，外轮3枚绿色，内轮3枚花瓣状、白色或带淡黄色；雄蕊、心皮均多数；瘦果两侧压扁。慈姑球茎入药，亦可食用，其叶形优美，可作为观赏植物；除西藏外，分布于全国各地。

慈姑属我国约9种。

花蔺科 Butomaceae

多年生水生草本，挺水生长，常丛生；叶基生，条形，常扭曲；花莛圆柱形，伞形花序顶生；花被片6，外轮3枚绿色、较小，内轮3枚花瓣状、白色至淡红色；雄蕊9枚；蓇葖果具喙。花蔺可作为观赏植物；分布于东北、华北、西北及华东等省区。

花蔺属是世界单种属，仅含1种，在外形上容易被当作百合科的植物，但雄蕊9枚（百合科植物雄蕊6枚），容易区分。

花蔺

Butomus umbellatus

花蔺科　花蔺属

花序

花序

看麦娘

Alopecurus aequalis

禾本科　看麦娘属

一年生草本；叶二列互生，叶片扁平；穗状圆锥花序顶生，灰绿色；小穗两侧压扁，外稃与颖等长，背面生细芒，无内稃，花药橙黄色；颖果。看麦娘鲜草可作饲料；分布于南北各省区。

禾本科我国约1200种，在科下常划分为禾亚科和竹亚科两个亚科。

植株

荩草

Arthraxon hispidus

禾本科　看麦娘属

一年生草本；叶二列互生，叶鞘具短硬疣毛，叶片卵状披针形，抱茎；花序细弱，2～10个总状花序排列成指状；小穗成对着生，一个有柄，一个无柄，花药黄色或紫色；颖果。荩草可作牧草；分布于南北各省区。

禾亚科为禾本科中的草本类群，我国超过700种，各种谷类作物均来自于此亚科。

花序

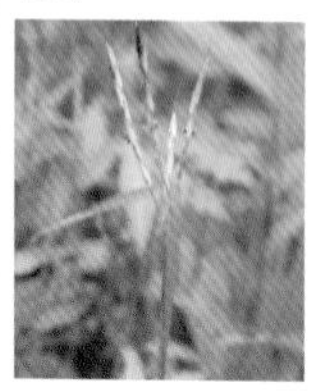
植株

巴山木竹

Bashania fargesii

禾本科　巴山木竹属

果实

植物体木质化；竹鞭的节间近实心；竿直立，幼时深绿色且被白粉，老则淡黄色；箨鞘常宿存，被棕色刚毛；叶片质坚韧，叶舌发达；圆锥花序，顶生于具叶小枝上；小穗成熟后紫黑色，细长圆柱形；颖果卵圆形。巴山木竹的竹竿为造纸原料；分布于陕西、甘肃、湖北、四川等省。

竹亚科是禾本科中木质化的种类，我国有500余种，主要分布于长江流域及其以南各省区，常见种还有毛竹（*Phyllostachys pubescens*）、箭竹（*Sinarundinaria nitida*）等。

花序

植株

龙爪茅

Dactyloctenium aegyptium

禾本科 龙爪茅属

一年生草本；秆直立，有时基部横卧地面，节处生根；叶二列互生，叶鞘边缘具柔毛，叶片扁平；穗状花序2～7个指状排列；颖果。

花序

龙爪茅为南方常见杂草，分布于华东、华南，及西南、华中部分省区。

植株

白茅

Imperata cylindrica

禾本科 白茅属

植株

多年生草本；节上有柔毛；叶二列互生，叶鞘老时在基部常破碎成纤维状，叶片扁平，主脉明显突出于背面；圆锥花序圆柱状顶生，分枝短缩密集；小穗披针形或长圆形，基部密生丝状柔毛；颖果。白茅是牲畜喜食的牧草或杂草；分布于全国各地。

五节芒

Miscanthus floridulus

禾本科 芒属

植株

多年生草本；叶二列互生，叶片长而扁平；圆锥花序，主轴显著延伸，几达花序的顶端；小穗卵状披针形；颖果。五节芒为可作造纸原料，根茎入药，亦可供观赏；分布于华东、华中、华南、西南等省。

芒属我国产6种，常见的还有芒（*M. sinensis*）。

植株

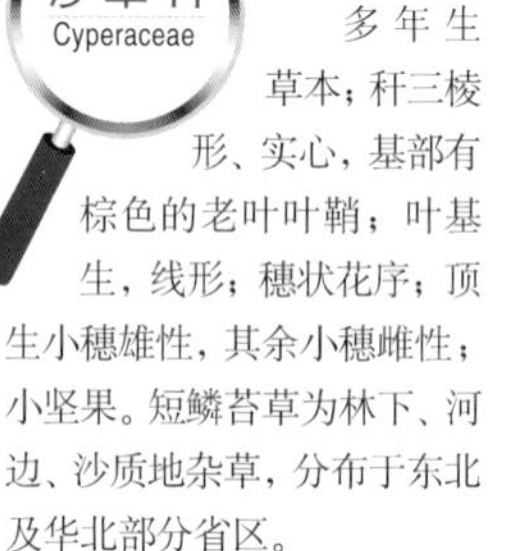
花序

芦苇

Phragmites australis

禾本科 芦苇属

多年生草本；根状茎十分发达；叶二列互生，叶鞘圆筒形，叶片宽大、披针形；圆锥花序顶生疏散，稍下垂，下部具白柔毛；颖果长圆形。芦苇也叫苇子，《诗经》中称之为蒹，茎秆纤维为重要造纸原料，也可编织苇席，同时可为固堤造露先锋环保植物；广布于南北各省区。

金色狗尾草

Setaria glauca

禾本科 狗尾草属

一年生草本；叶二列互生，叶鞘光滑无毛，叶舌退化为纤毛，叶片披针形；圆锥花序圆柱形，刚毛金黄色或稍带紫色；小穗脱节于杯状的小穗柄上，常与宿存的刚毛分离；颖果。金色狗尾草可作牧草；分布于南北各省区。

狗尾草属我国约15种，常见种类还有狗尾草（*S. viridis*）以及栽培作物小米（*S. italica*）等。

植株

短鳞苔草

Carex angustinowiczii

莎草科 苔草属

莎草科 Cyperaceae

多年生草本；秆三棱形、实心，基部有棕色的老叶叶鞘；叶基生，线形；穗状花序；顶生小穗雄性，其余小穗雌性；小坚果。短鳞苔草为林下、河边、沙质地杂草，分布于东北及华北部分省区。

植株

翼果苔草

Carex neurocarpa

莎草科　苔草属

植株

花序

多年生草本，全体密生铁锈色细点；秆三棱形、实心；叶基生，线形；穗状花序呈尖塔状圆柱形；小穗多数聚生于茎顶；小穗柄基部具长卵形果囊，果囊中部以上边缘具翅；小坚果。翼果苔草可作饲料，分布于东北、华北、西北至华中、华东等省区。

苔草属为莎草科最大的属，我国有近500种，南北遍布。

花序　　植株

细叶苔草

Carex rigescens

莎草科　苔草属

多年生草本，具细长根状茎；秆三棱形、实心；叶基生，纤细；穗状花序；雄花在上，雌花在下；小坚果。细叶苔草也叫羊胡子草，可用作草皮植物；分布于东北、华北、西北等省区。

球穗莎草

Cyperus glomeratus

莎草科　莎草属

一年生草本；秆粗壮，三棱形；叶生于基部，线形；穗状花序密集呈头状、在侧枝聚伞状排列，叶状总苞片3～4个，长于花序；小穗排列极密，雄蕊3枚；小坚果。球穗莎草又叫头穗莎草、聚穗莎草，为水田杂草，亦见用于园林造景；分布于东北、华北及西北部分省区。

莎草属也是莎草属的大属之一，我国约30余种。

植株

花序

黄颖莎草
Cyperus microiria
莎草科 莎草属

一年生草本；秆三棱形；叶生于基部，线形；穗状花序稍稀疏，在侧枝呈聚伞状排列，叶状总苞片3~4个，长于花序；小穗轴有翅，鳞片淡黄色，雄蕊3枚；小坚果。黄颖莎草为田间杂草，分布于东北、华北及西南部分省区。

糙杆荸荠
Eleocharis valleculosa
莎草科 荸荠属

多年生草本；具匍匐根状茎；秆圆柱形，无叶片；小穗长圆状卵形或线状披针形，顶生；小坚果。糙杆荸荠也叫针蔺、刚毛荸荠，分布于南北各省区。

荸荠属我国约有25种；常见的有荸荠（*E. tuberosus*）、牛毛毡（*E. yokoscensis*）。

花序

植株

水蜈蚣
Kyllinga brevifolia
莎草科 水蜈蚣属

植株

花序

多年生草本；匍匐根状茎长，每节上生一秆；秆扁三棱形；叶生于基部，线形；穗状花序单一，近球形；小穗极多数，鳞片白色，龙骨突具刺；小坚果。水蜈蚣全草入药；分布于华中、华东、华南各省区。

球穗扁莎草
Pycreus globosus
莎草科 扁莎属

多年生草本；秆细弱，三棱形，基部具较少叶；穗状花序在侧枝聚伞状排列，总苞片2～4个，长于花序；小穗极压扁，雄蕊2枚，小坚果两侧压扁。球穗扁莎草为水田杂草，分布于东北、华北、西北、华东、华南各省区。

扁莎属我国约10种，常见的有红鳞扁莎（*P. sanguinolentus*）。

花序

扁秆藨草
Scirpus planiculmis
莎草科 藨草属

植株

花序

多年生草本，具匍匐根状茎和块茎；秆三棱形；叶基生或秆生，扁平，具长叶鞘；小穗呈头状聚集，在侧枝呈聚伞状；叶状总苞片1～3个，一般短于花序；小穗卵形或长圆状卵形，具芒，雄蕊3枚；小坚果。扁秆藨草茎叶为造纸原料，亦可用作编织；分布于东北、华北、西北、西南各省区。

藨草属我国约37种，常见的还有荆三棱（*S. yagara*）、藨草（*S. triqueter*）等。

棕榈科
Palmae

常绿乔木；老叶叶鞘基部纤维状，包于树干上；叶互生，圆扇形，有长柄，掌裂至中部；雌雄异株，稀同株，肉穗花序多分枝，外具明显的佛焰状苞片；花小，黄绿色；核果圆肾形，成熟时淡蓝色。棕榈的叶及叶鞘、苞片可制编制用具，亦可供观赏；分布于长江以南各省区，北方亦见栽培。

棕榈科我国约100种，常见有棕竹（*Rhapis excelsa*）、椰子（*Cocos nucifera*）等。

棕 榈
Trachycarpus fortunei
棕榈科 棕榈属

植株

菖蒲

Acorus calamus

天南星科 菖蒲属

多年生沼生草本,有香气;叶基生,剑形,具平行脉,有显著中肋;佛焰苞叶状,肉穗花序;花黄绿色;浆果长圆形。菖蒲可作香料驱蚊,根茎入药;分布于南北各省。

花序

菖蒲属我国产4种,石菖蒲(*A. gramineus*)是较为广布的种类;天南星科植物因具佛焰花序易于识别。

一把伞南星

Arisaema erubescens

天南星科 天南星属

花期植株
果实

多年生草本;块茎扁球形;叶仅1枚,具长柄,掌状复叶,小叶7~23枚,轮生排列如伞;雌雄异株,花序穗状,外有绿色的佛焰苞;浆果红色。一把伞南星又称山苞米,块茎入药,分布于华北、西北、华中、华南、西南等省区。

天南星属我国产82种,常见的有异叶天南星(*A. heterophyllum*)、东北南星(*A. amurense*)等。

半夏

Pinellia ternata

天南星科 半夏属

花序

多年生草本;块茎扁球形;叶基生,幼叶心形或戟形,老株叶片3全裂;佛焰苞绿色,上部紫红色,肉穗花序延伸的附属物鞭状,伸出佛焰苞外,雌花位于肉穗花序的下部,雄花密集呈圆筒形;浆果卵球形,黄绿色。半夏又称三叶半夏、三步跳,块茎入药,但有大毒;分布于南北大部分省区。

花期植株

半夏属我国产5种,常见种还有掌叶半夏(*P. pedatisecta*)。

鸭跖草科 Commelinaceae

鸭跖草

Commelina communis

鸭跖草科 鸭跖草属

一年生草本；茎匍匐生根；叶互生，具明显的叶鞘；总苞片佛焰苞状，与叶对生，展开后心状卵形，边缘常有硬毛；聚伞花序；花瓣深蓝色，3枚，前面2枚较大、具爪；蒴果椭圆形。鸭跖草全草入药；分布于东北、华北、华中、华东、华南等省区。

鸭跖草属我国产7种，较为常见的还有饭包草（*C.bengalensis*）；鸭跖草科中常见的还包括水竹叶（*Murdania triquetra*）、杜若（*Pollia japonica*）等。

植株

雨久花科 Pontederiaceae

植株

花

凤眼莲

Eichhornia crassipes

雨久花科 凤眼莲属

浮水草本；叶宽卵圆形，光滑，具弧形脉，叶柄膨大成葫芦状的气囊；穗状花序；花冠蓝紫色，花被片6枚，下部合生，上方1枚裂片较大，中央有鲜黄色斑点；雄蕊6枚，3长3短，长雄蕊从花被筒喉部伸出；蒴果卵形。凤眼莲也叫凤眼蓝、水葫芦，可作饲料或绿肥，但现已造成生物入侵；分布于长江流域及其以南各省区，原产于巴西。

雨久花

Monochoria korsakowii

雨久花科 雨久花属

花

植株

水生草本；叶基生，或单生于茎上，卵状心形，叶基心形，具弧形脉；总状花序；花冠蓝紫色，鲜艳，花被片6枚；雄蕊6枚，其中1枚较大且花药浅蓝色；蒴果卵圆形。雨久花可作饲料，亦可供观赏；分布于东北、华北、华中、华东、华南各省区。

雨久花属我国产3种，常见的有鸭舌草（*M. vaginalis*）。

灯芯草科 Juncaceae

扁茎灯芯草

Juncus compressus

灯心草科 灯心草属

植株

花序

多年生草本；茎丛生，直立，稍扁；叶基生及茎生，茎生叶1～2枚；叶片线形，扁平；二歧聚伞花序顶生；花单生于花序分枝上；花被片6枚，2轮，颖状，淡绿色；雄蕊6枚，花药黄色；蒴果三角状矩圆形。生于湿草地、河边、沼泽地，分布于东北、华北、西北、山东长江流域各省区。

灯心草属我国产77种，常见的还有灯芯草（*J. effusus*）、细灯芯草（*J. gracillimus*）；灯芯草科常见的有多花地杨梅（*Luzula multiflora*）。

百部科 Stemonaceae

多年生草本；块根簇生，纺锤形，肉质；茎上部攀援状蔓生；叶轮生，卵状长圆形，主脉常为5条，横脉细密而平行；花序柄贴生于叶片中脉上，花单生或聚伞花序状；花冠淡绿色，花被片4枚，反卷；雄蕊4枚，紫红色；蒴果卵形，较扁。蔓生百部根入药；分布于华中、华东部分省区。

百部属我国产5种，常见的还有大百部（*S. tuberosa*）、直立百部（*S. sessilifolia*）。

蔓生百部

Stemona japonica

百部科 百部属

花

植株

百合科 Liliaceae

天蓝韭

Allium cyaneum

百合科 葱属

花序　植株

多年生草本，具葱蒜味；鳞茎数枚聚生，圆柱状；叶生于基部，半圆柱状；花莛圆柱状，伞形花序近扫帚状；花天蓝色，花被片6枚，分为2轮排列；雄蕊6枚，分为2轮排列，花丝、花柱均伸出花被外；蒴果。天蓝韭分布于华北、西北、西南、华中部分省区。

百合科我国约产560种。

野韭

Allium ramosum

百合科 葱属

多年生草本，具葱蒜味；根状茎粗壮，鳞茎近圆柱形簇生；叶生于基部，三棱状线形，中空；花莛圆柱状，伞形花序；花常白色，花被片6枚，排成2轮，常具红色中脉；雄蕊6枚，分为2轮排列；蒴果。野韭的叶、花、花莛均可作蔬菜食用，亦可作饲料；分布于东北、华北、西北等省区。

花序

葱属植物我国约110种。

花序

山韭

Allium senescens

百合科 葱属

多年生草本，具葱蒜味；根状茎粗壮，鳞茎近圆柱形，外皮黑色；叶生于基部，线形，肥厚；花莛圆柱形，常具2纵棱，伞形花序；花紫红色或淡紫色，花被片6枚，排成2轮；雄蕊6枚，分为2轮排列；花柱伸出花被；蒴果。山韭鳞茎可入药，亦可作饲料；分布于东北、华北、西北部分省区。

雉隐天冬

Asparagus schoberioides

百合科 天门冬属

多年生草本；叶状枝常3~7枚簇生，窄条形，镰刀状；鳞片状叶近披针形；花单性，雌雄异株；花2~4朵腋生；花被片6枚，排成2轮，黄绿色；浆果，熟时红色。雉隐天冬又称龙须菜，植株幼嫩时可食；分布于东北、华北、西北、华中部分省区。

天门冬属我国约产24种。

植株

果实

植株

雄花

曲枝天门冬

Asparagus trichophyllus

百合科　天门冬属

多年生草本；茎中上部强烈回折状；叶状枝常5～8簇生，刚毛状；花单性，雌雄同株；花2朵腋生；花被片6枚，排成2轮，绿黄色而略带紫色；浆果，熟时红色。曲枝天门冬的块根可入药；分布于华北、东北等地。

铃兰

Convallaria majalis

百合科　铃兰属

多年生草本；有匍匐根茎；叶基生，仅有2枚，椭圆形，有长柄；总状花序侧生；花白色，钟形，下垂，先端6裂，有香气；雄蕊6枚；浆果球形，熟时红色。铃兰全草入药，亦可栽培供观赏；分布于东北、华北、西北及浙江、湖南等省区。

铃兰属为世界单种属，仅此1种。

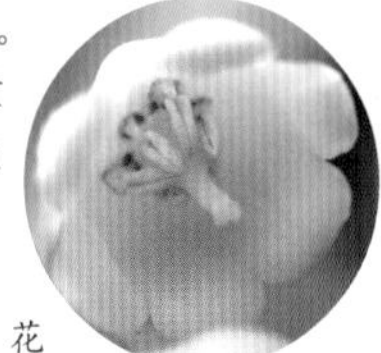
花

植株

荞麦叶大百合

Cardiocrinum cathayanum

百合科　大百合属

多年生草本；叶基生及茎生，茎生叶互生或聚集，卵状，基部肾状心形；总状花序；花近漏斗状，乳白色或淡绿色，内具紫色条纹，花被片6枚；蒴果近球形。荞麦叶大百合鳞茎含淀粉，可食，亦可供观赏；分布于华中、华东等地。

果

植株

植株

宝铎草

Disporum sessile

百合科 万寿竹属

多年生草本；具匍匐根茎，肉质；叶互生，矩圆形至披针形，具弧形脉；伞形花序，常下垂；花被片6，基部有囊状短距；雄蕊6枚，内藏；浆果椭球形，黑色。宝铎草根及根茎入药；分布于华北、华中、华东、华南、西南各省区。

万寿竹属我国产8种，常见种类还有万寿竹（*D. cantoniensis*）。

小黄花菜

Hemerocallis minor

百合科 萱草属

花

多年生草本；叶基生，线形；聚伞花序；花被片6，排成2轮，下部合生成短管，淡黄色；雄蕊6枚；蒴果椭圆形。小黄花菜根可入药，花亦可食用；分布于东北、华北、西北等地。

萱草属我国产11种，常见种类还有黄花菜（*H. citrina*）、萱草（*H. fulva*）。

植株

有斑百合

Lilium concolor var. *pulchellum*

百合科 百合属

植株

多年生草本；鳞茎卵圆形；叶互生，线状披针形；花单生，或排成近伞形或总状花序；花被片6，深红色，直立，有褐色斑点；雄蕊6枚，花药紫红色；蒴果矩圆形。有斑百合鳞茎入药，亦可食用；分布于东北、华北、华中部分省区。

百合属花大型，色彩鲜艳，直径多在5cm以上；我国产39种。

山丹

Lilium pumilum

百合科 百合属

多年生草本；鳞茎卵形或圆锥形；叶互生，线形；花单生或数朵排成总状花序；花鲜红色，下垂，花被片6，反卷；雄蕊6枚，花药黄色；柱头膨大，3裂；蒴果矩圆形。山丹又称细叶百合，鳞茎入药，亦可食用；分布于东北、华北、西北各省区。

植株

山麦冬

Liriope spicata

百合科 山麦冬属

多年生草本；常具小块根；叶基生，密集成丛，线形；花葶从叶丛中伸出，总状花序；花被片6，淡紫色或白色；果实浆果状，蓝黑色。山麦冬又称土麦冬，为常见的栽培地被植物，或用于观赏；除东北、青海、西藏、新疆、内蒙古外，全国大部分省区广布，野生或栽培。

花序

北重楼

Paris verticillata

百合科 重楼属

植株

花序

多年生草本；茎绿白色，有时带紫色；叶5～8枚轮生于茎顶，披针形至倒卵状披针形；顶生1花，外轮花被片常4，绿色叶状，平展，内轮花被片4，黄绿色，条形；雄蕊8枚；子房球形，紫褐色，花柱4～5分枝，向外反卷；蒴果浆果状。北重楼根茎入药；分布于东北、华北、西北、华中各省区。

重楼属我国约产7种。

玉竹

Polygonatum odoratum

百合科 黄精属

植株

花序

多年生草本；根状茎圆柱形；叶互生，椭圆形至卵状矩圆形；花序腋生，常具1～4朵花；花白色至黄绿色，钟形，先端6裂；浆果球形，熟时蓝黑色。玉竹根茎入药；分布于东北、华北、西北、华中、华东各省区。

黄精属我国约产31种，常见的还有多花黄精（*P. cyrtonema*）、黄精等种类。

黄精

Polygonatum sibiricum

百合科 黄精属

多年生草本；根状茎圆柱形，结节膨大；叶常4～6枚轮生，线状披针形，先端拳卷或弯曲成钩；花序生叶腋间，常具2～4朵花；花乳白色至淡黄色，下部合生呈筒状，上部6裂；浆果球形。黄精根状茎入药；分布于东北、华北、西北、华中各省区。

花序

绵枣儿

Scilla scilloides

百合科 绵枣儿属

多年生草本；鳞茎卵形或近球形，鳞茎皮黑褐色；叶基生，线形；总状花序；花小，淡紫红色，花被片6，有深紫红色中脉1条；雄蕊6枚；蒴果倒卵形。绵枣儿根茎入药；分布于东北、华北、华中、华东及华南、西南部分省区。

植株

果实

植株

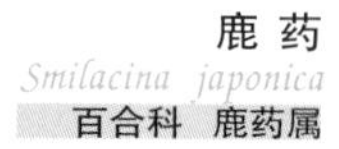

鹿药
Smilacina japonica
百合科 鹿药属

多年生草本；叶互生，4～9枚，卵圆形；圆锥花序；花白色，花被片6，分离或基部稍结合；雄蕊6枚；浆果球形，熟时红色。鹿药根茎入药，具清热之效；分布于南北各省区。

菝葜
Smilax china
百合科 菝葜属

攀缘灌木；根茎横走，竹鞭状；茎上刺较疏，倒钩状；叶互生，革质，卵圆形，脉基出，托叶特化为卷须；花单性，雌雄异株，伞形花序常呈球形；花被片6枚，黄绿色，反卷；浆果球形，红色。菝葜根茎可药用，也可提取栲胶，做鞣料；分布于华东、华中、华南、西南各省区。

菝葜属我国约有60种，多数分布于长江以南，常见的有土茯苓（*S. glabra*）、鞘柄菝葜（*S. stans*）等。

果期植株

花

黄花油点草
Tricytis maculata
百合科 油点草属

多年生草本；叶互生，椭圆形；聚伞花序；花被片6枚，排成2轮，黄绿色，具紫褐色斑点；雄蕊6枚，花丝稍长于花被片；柱头3裂，具乳头状突起；蒴果长圆形。黄花油点草分布于华北、华中、西北、西南部分省区。

植株

花

花

植株

藜 芦

Veratrum nigrum

百合科 藜芦属

多年生草本；茎粗壮，圆柱形；叶大，互生，近椭圆形；总状花序组成圆锥花序，侧生总状花序通常具雄花，顶生总状花序多为两性花；花被片6枚，黑紫色；雄蕊6枚；蒴果椭圆形，成熟时3裂。藜芦块根入药，亦可作杀虫剂；分布于东北、华北、西北、西南各省区。

石蒜科
Amaryllidaceae

石 蒜

Lycoris radiata

石蒜科 石蒜属

多年生草本；鳞茎近球形；叶基生，线形，秋季长出；伞形花序，常有4~7朵花，先叶开放；花红色，漏斗状，下部合生成管，上部6列，花被裂片边缘皱缩，反卷；雄蕊6枚，显著伸出花被外，比花被约长一倍；蒴果具三棱。石蒜鳞茎具消肿解毒之效，亦有栽培供观赏；分布于华中、华东、华南、西南各省区。

石蒜科多种为观赏花卉，如水仙（*Narcissus tazetta* var. *chinensis*）、朱顶红（*Hippeastrum rutilum*）、君子兰（*Clivia miniata*）等。

花

薯蓣科
Dioscoreaceae

穿龙薯蓣

Dioscorea nipponica

薯蓣科 薯蓣属

多年生缠绕草质藤本；茎左旋；叶互生，掌状3~7浅裂，叶基心形；花单性，雌雄异株；花序常穗状，花小，花被片6枚，黄绿色；雄花具6枚雄蕊；雌花序下垂，柱头3裂，裂片再2裂；蒴果，具3翅。穿龙薯蓣根状茎可入药；分布于东北、华北、西北、华中、华东各省区。

薯蓣属我国约有49种，常见的还有薯蓣（*D. opposita*）、参薯（*D. alata*）等；薯蓣科在我国仅含此1属。

花期植株

果实

花

射干

Belamcanda chinensis

鸢尾科　射干属

多年生草本；根状茎不规则结节状；叶互生，剑形，扁平；二歧状伞房花序；花冠橙红色，散生紫褐色斑点，花被片6枚，排成2轮，基部合生成短管；雄蕊3枚；柱头3裂；蒴果倒卵形。射干根状茎入药；分布于南北各省区。

射干属植物我国仅此1种。

植株

花

野鸢尾

Iris dichotoma

鸢尾科　鸢尾属

多年生草本；根状茎不规则块状，多须根；叶基生，或在花莛基部互生，剑形，扁平；圆锥状聚伞花序；花冠浅蓝色，边缘白色，具棕褐色斑纹，花被片6枚，排成2轮；雄蕊3枚；花柱3分枝，花瓣状，先端2裂；蒴果长圆柱状。野鸢尾又名白花射干，分布于东北、华北、西北、华中、华东部分省区。

鸢尾属我国约产60种，常见的有鸢尾（*I. tectorum*）、粗根鸢尾（*I. tigridia*）等。

蝴蝶花

Iris japonica

鸢尾科　鸢尾属

多年生草本；叶基生，剑形，扁平；总状聚伞花序；花冠淡蓝色或蓝紫色，花被片6枚，排成2轮，下部合生成花被管，外轮花被片内有鸡冠状突起；雄蕊3枚；花柱3分枝，扩大成花瓣状；蒴果倒卵形。蝴蝶花全草入药；分布于华中、华东、华南、西南各省区。

植株

花

花
植株

马蔺
Iris lactea var. *chinensis*
鸢尾科 鸢尾属

多年生草本；叶基生，线形，扁平，较坚韧；花茎有1～3朵花；花冠浅蓝色至蓝紫色，花被片6枚，排成2轮，下部合生成花被管，外轮花被片匙形；雄蕊3枚；花柱3分枝，扩大成花瓣状；蒴果长圆柱形。马蔺又叫马莲，习性耐盐碱、耐践踏，可用于水土保持；分布于东北、华北、西北、华中、华东、西南各省区。

矮紫苞鸢尾
Iris ruthenica var. *nana*
鸢尾科 鸢尾属

多年生草本；根状茎匍匐多分枝；茎缩短，植株矮小；叶基生，线形；花莛从叶丛中抽出，佛焰苞膜质，具1～2朵花；花冠浅蓝色或蓝色，具蓝紫色条纹或斑点，花被片6枚，排成2轮；雄蕊3枚；花柱深紫红色，花瓣状，3分枝；蒴果短圆形。矮紫苞鸢尾又叫紫石蒲，分布于东北、华北、西北、西南及华中、华东部分省区。

植株

姜 科
Zingiberaceae

艳山姜
Alpinia zerumbet
姜科 山姜属

多年生草本；具根状茎；叶互生，披针形；圆锥花序呈总状花序式，下垂，花序轴紫红色；小苞片白色，顶端粉红色；花萼近钟形，白色，一侧开裂；花冠裂片长圆形，后方1枚较大，乳白色，顶端粉红色；唇瓣黄色，具紫红色纹彩，顶端皱波状；蒴果卵圆形。艳山姜根茎和果实入药，花美丽，供栽培观赏；分布于东南、华南、西南各省区。

山姜属我国约有46种，常见的还有山姜（*A. japonica*）、华山姜（*A. chinensis*）等；姜科我国约150种，分布于东南至西南，常见有姜（*Zingiber officinalis*）、姜花（*Hedychium coronarium*）等。

花

植株

花

凹舌兰

Coeloglossum viride

兰科　凹舌兰属

多年生草本；块茎肉质，掌状分裂；茎基部具鞘；叶互生，椭圆状卵形；总状花序；花绿黄色或绿棕色，花被片6枚，外轮3枚萼片状态，内轮3枚花瓣状，唇瓣下垂、肉质；花药生于合蕊柱顶部；蒴果椭圆形。凹舌兰分布于华北、西北、西南部分省区。

凹舌兰属我国仅含1种；兰科我国约1 020种。

植株

扇脉杓兰

Cypripedium japonicum

兰科　杓兰属

植株

多年生草本；根状茎横走；茎和花莛被褐色长柔毛；叶常2枚，近对生，菱圆形，具扇形脉；花大，单生，苞片叶状；花冠黄绿色至白色，具紫色斑点，花被片6枚，排成2轮，唇瓣囊状；蒴果。扇脉杓兰分布于华中、华东、西南及陕西等省区。

杓兰属我国约23种，较为常见的种类还有大花杓兰。

大花杓兰

Cypripedium macranthum

兰科　杓兰属

花

植株

多年生草本；叶互生，卵状椭圆形，基部成鞘状抱茎；花大，常单生，紫色、红色或紫红色，唇瓣特化成囊状；蒴果。大花杓兰分布于东北、华北及湖北、四川等省区。

天麻

Gastrodia elata

兰科 天麻属

腐生草本；根状茎卵圆形，横生，肉质，肥厚；叶退化成鞘状鳞片；总状花序；花肉黄色或淡绿黄色，萼片与花瓣合生成花被筒、歪斜，顶端5裂；唇瓣白色、3裂，贴生于花被筒内壁；合蕊柱白色；蒴果。天麻是名贵中药；分布于东北、华北、华中、西南各省区。

植株　花

植株

大斑叶兰

Goodyera schlechtendaliana

兰科 斑叶兰属

多年生草本；具长的匍匐根状茎；叶互生，卵形，有白色斑纹；总状花序，花偏向一侧；花白色或微带粉红色，唇瓣凹陷成囊状；合蕊柱短；蒴果。大斑叶兰全草入药；分布于长江流域以南各省区。

手参

Gymnadenia conopsea

兰科 手参属

花

多年生草本；块茎常掌状分裂；叶互生，椭圆状披针形，基部成鞘状抱茎；总状花序；花冠粉红色，唇瓣3裂，具细长的距；蒴果。手参块根入药；分布于东北、华北、西北及四川、西藏等省区。

植株

二叶兜被兰

Neottianthe cucullata

兰科 兜被兰属

植株

多年生草本；肉质块茎圆球形；叶仅2枚，生于基部，近对生，卵形至披针形；总状花序，花常偏向一侧；花冠紫红色或粉红色，萼片和花瓣连合成盔状，唇瓣中部3裂；蒴果。二叶兜被兰分布于东北、华北、华中、西北、西南部分省区。

绶草

Spiranthes sinensis

兰科 绶草属

花

多年生草本；根数条，指状，白色，肉质；叶多基生，线状披针形；花小，螺旋状旋转排成穗状花序；花冠紫红色、粉红色或白色，唇瓣无距，边缘皱缩；蒴果。绶草全草入药；分布于南北各省区。

花序